Petite histoire de la matière et de l'Univers

Correction : Élisabeth Bélorgey
Mise en pages : Marina Smid

ISBN : 978-2-7465-0391-5
239, rue Saint-Jacques - 75005 Paris
www.editions-lepommier.fr

Hubert Reeves et ses amis
Michel Cassé, Étienne Klein,
Marc Lachièze-Rey, Roland Lehoucq,
Jean-Pierre Luminet,
Nathalie Palanque-Delabrouille,
Nicolas Prantzos

Petite histoire de la matière et de l'Univers

ESSAIS

Éditions
Le Pommier

Les auteurs

Hubert Reeves est astrophysicien nucléaire, directeur de recherches retraité du CNRS. Il est également professeur associé au département de physique de l'université de Montréal et président de la Ligue ROC pour la préservation de la faune sauvage. Ses sujets de recherches touchent aux questions concernant l'origine des éléments chimiques, du système solaire et de l'Univers.
Il est auteur de nombreux ouvrages destinés au grand public, comme *Patience dans l'azur* (Le Seuil, 1981) ou *Poussières d'étoiles* (Le Seuil, 1984).

Michel Cassé est directeur de recherche au CEA, chercheur associé à l'Institut d'astrophysique de Paris. Ses sujets de recherche portent sur les supernovae, l'astronomie gamma, la matière noire et, actuellement, les micro trous noirs multidimensionnels.

Étienne Klein est physicien, docteur en philosophie des sciences. Il dirige le Laboratoire de recherche sur les sciences de la matière et enseigne à l'École centrale de Paris. Il a écrit de nombreux ouvrages de réflexion sur la science.

Marc Lachièze-Rey est physicien théoricien et astrophysicien, directeur de recherche au CNRS. Auteur de nombreux ouvrages et de CD, il a également été concepteur d'expositions et de films, ainsi que producteur d'émissions de radio.

Roland Lehoucq est astrophysicien au CEA de Saclay et enseignant à l'École polytechnique. Il est auteur de nombreux ouvrages et articles de vulgarisation. Il donne régulièrement des conférences et tient une rubrique scientifique dans la revue de science-fiction *Bifrost*. Il a également participé à la conception de quatre expositions.

Jean-Pierre Luminet est astrophysicien à l'Observatoire de Paris, directeur de recherche au CNRS, spécialiste des trous noirs et de la cosmologie. Auteur de nombreux essais, romans, CD, DVD et scénarios, il a reçu le Prix européen 2007 de la communication scientifique.

Nathalie Palanque-Delabrouille est physicienne au CEA de Saclay. Sa recherche en cosmologie porte sur le contenu de l'Univers (matière noire, énergie noire) et son évolution. Elle s'investit dans la diffusion des connaissances auprès du grand public par des conférences et des émissions radio ou télévisées, et par Internet. Elle contribue également à éveiller la curiosité scientifique des jeunes enfants en participant à des ateliers de découverte de l'astrophysique.

Nicolas Prantzos est astrophysicien, directeur de recherche au CNRS. Il travaille à l'Institut d'astrophysique de Paris sur l'origine des éléments chimiques, l'évolution des galaxies et l'astronomie des raies gamma. Il est enseignant à l'École doctorale d'astrophysique de l'Île-de-France et auteur des plusieurs articles et ouvrages de popularisation de la science.

Sommaire

Un cahier de 16 pages situé au centre du livre vous propose une série d'illustrations en couleurs.

Une première partie, intitulée « Portraits de quelques scientifiques qui ont marqué l'histoire des sciences de la matière et de l'Univers », présente vingt-six portraits, depuis Thalès de Milet jusqu'à Murray Gell-Mann.

Une seconde partie, intitulée « Quelques images contemporaines de la matière », comporte cinq documents particulièrement marquants et représentatifs de la recherche actuelle.

Introduction

Le titre de ce livre se veut un clin d'œil à Lucrèce, philosophe latin du Ier siècle avant notre ère, et à son célèbre essai *De la nature*. Son but est de présenter brièvement et d'une façon forcément bien incomplète l'état de nos connaissances sur l'Univers, sur son histoire et sur la nature de ses composantes. Les chapitres qui forment cet ouvrage ont été rédigés par des chercheurs compétents sur différents aspects de cette question.

Les philosophes grecs ont été, à notre connaissance, les premiers à aborder cette enquête sans faire référence à des éléments surnaturels. Jean-Pierre Luminet (chapitre 1) nous présente un résumé des différentes conceptions de la nature de la matière qui ont prévalu au cours des siècles. Il décrit le va-et-vient entre les représentations atomique et holiste, et la synthèse que tentent d'en faire aujourd'hui les physiciens.

Si nous laissons provisoirement de côté les composantes cosmiques de la matière et de l'énergie sombres dont nous parle Nathalie Palanque-Delabrouille (chapitre 8) nous pouvons dire que l'ensemble des phénomènes observés dans la matière que nous qualifions ici d'« ordinaire » peuvent être décrits dans les termes de l'action de quatre forces (on dit aussi « interactions ») agissant sur un certain nombre de particules élémentaires.

C'est le tableau que nous brosse Étienne Klein (chapitre 2), qui nous parle aussi des efforts que font les physiciens pour « unifier » ces forces, c'est-à-dire pour montrer qu'elles seraient en définitive des manifestations différentes d'une seule force, dite « unifiée ». D'importants résultats ont déjà été obtenus, mais la gravité demeure récalcitrante.

Que savons-nous de l'histoire de l'Univers ? Nicolas Prantzos (chapitre 6) nous en décrit les différentes étapes, que nous avons pu décrypter grâce aux grands progrès de la physique théorique – théorie de la relativité d'Albert Einstein et physique quantique de Niels Bohr, Werner Heisenberg, Paul Dirac et Louis de Broglie – ainsi que grâce aux mises en œuvre d'instruments extrêmement performants – télescopes nous permettant de scruter les confins de l'Univers, accélérateurs pouvant reproduire en laboratoire les conditions physiques des débuts de l'Univers. La crédibilité de la théorie du big bang résultant de ces travaux est discutée par Hubert Reeves (chapitre 7).

Les expériences des laboratoires terrestres semblaient indiquer que les manifestations de la matière pouvaient s'expliquer en termes d'interactions entre quelques particules élémentaires sous l'effet des quatre forces traditionnelles de la physique. Mais l'astronomie nous a montré que ce bilan pourrait bien être incomplet. La matière sombre et l'énergie sombre que nous décrit Nathalie Palanque (chapitre 8) sont d'une nature inconnue et pourraient nous ouvrir des voies inattendues sur les phénomènes qui régissent l'Univers et sur la structure de la matière. D'autres habitants du cosmos restent encore largement mystérieux : les trous noirs (Jean-Pierre Luminet , chapitre 5) les neutrinos et l'antimatière (Hubert Reeves, chapitres 3 et 4).

Le XXe siècle a vu apparaître deux grandes théories physiques qui, chacune dans son domaine, est d'une efficacité époustouflante : la physique quantique pour décrire les atomes et les molécules, la théorie de la relativité pour décrire les manifestations de la gravité en astronomie. Un des problèmes majeurs de la physique contemporaine est l'absence d'une théorie qui incorporerait ces deux disciplines en un ensemble cohérent et qui constituerait une théorie quantique de la gravité. Source de bon nombre de difficultés en cosmologie, cette lacune nous empêche, entre autres, d'aborder la question des premiers instants de l'Univers. Marc Lachièze-Rey (chapitre 11) nous décrit les efforts accomplis pour résoudre ce problème et nous amène à repenser nos concepts d'espace et de temps, de matière et de géométrie.

L'Univers a-t-il une forme ? C'est le thème qu'aborde Roland Lehoucq (chapitre 9). N'y a-t-il qu'un seul Univers ou, au contraire, y en a-t-il un grand nombre dont l'ensemble porterait le nom de « plurivers » ou de « multivers » ? Michel Cassé aborde cette question dans le chapitre 10. À défaut de pouvoir y répondre par des observations, les physiciens ont tout le loisir de spéculer. Dans le cadre de la théorie des supercordes (une des avenues les plus populaires pour tenter de résoudre les difficultés et les incohérences de la physique contemporaine), l'existence de tels univers pourrait expliquer certaines données observationnelles étonnantes du nôtre. Elles ont donné naissance au « principe anthropique » qui peut s'énoncer ainsi : il se trouve que les propriétés physiques de la matière ont très précisément les valeurs numériques requises pour permettre l'apparition de la vie et de la conscience.

Chapitre 1

Petite histoire des conceptions sur la matière

Jean-Pierre Luminet

Dès le VIe siècle avant notre ère, les philosophes grecs débattent sur la nature de la matière. Deux conceptions opposées s'affrontent.

D'un côté, Thalès observe la combustion d'un morceau de bois (feu, fumée, vapeur d'eau et cendres) et en conclut que la substance qui compose tout corps se réduit à quatre *éléments* premiers : le feu, l'air, l'eau et la terre. Pour expliquer comment ces éléments, supposés incorruptibles, s'agencent en combinaisons périssables, Empédocle ajoute le concept des oppositions ; ces forces attractives et répulsives, assimilées par lui à l'amour et à la haine, apparaissent à la même époque en Chine sous la forme du yin et du yang.

D'un autre côté, pour Démocrite, la matière est constituée d'*atomes*, corpuscules extrêmement petits, indivisibles (*a-tomos* signifie « insécable »), éternels et pouvant prendre, par leurs combinaisons fortuites, une infinité de formes. Entre ces particules existe un espace vide : la matière est donc supposée discontinue.

Aristote rejette l'atomisme : il renforce la théorie des quatre éléments de Thalès en attribuant des qualités à chacun d'eux : froid, sec, chaud et humide. Par exemple, la terre est froide et sèche, l'air est chaud et humide. Le changement de l'une de ces qualités en une autre transmute un élément en un autre. De telles transformations se produisent en permanence, reflétant le changement constant des phénomènes d'ici-bas. Aristote ajoute même un cinquième élément, la quintessence, censé figurer la transition entre la matière terrestre, imparfaite car corruptible, et la matière céleste, parfaite.

C'est la conception aristotélicienne de la matière qui s'impose en Occident jusqu'au XVIIe siècle. Au Moyen Âge, toutefois, l'insuffisance de la théorie des quatre éléments pour représenter la diversité de la matière alliée au développement de la métallurgie, de la pyrotechnie et de la distillation donne naissance à l'alchimie, dont le grand dessein est d'obtenir la transmutation en or des métaux « vils » (comme le cuivre) et de découvrir la substance (panacée) permettant de prolonger la vie des hommes. La démarche de l'alchimie (comme celle de l'astrologie) établit des liens symboliques qui unissent le microcosme, monde des hommes, au macrocosme, monde des astres.

Peu à peu, cependant, la théorie atomique réapparaît. La chimie moderne naît au XVIIIe siècle grâce à John Dalton, qui montre que la matière est composée d'atomes de différentes masses. Les atomes d'éléments simples comme l'hydrogène (auquel il attribue une masse unitaire), l'oxygène ou l'azote se combinent dans des proportions bien définies pour former des éléments composés, comme les molécules.

En 1869, Dmitri Mendeleïev construit un tableau qui classe tous les éléments chimiques alors connus (voir illustration n° 27 dans le cahier central). Les cases vides seront vite remplies par la découverte effective d'éléments rares sur Terre, mais abondants dans l'espace (c'est le cas de l'hélium, découvert d'abord dans le Soleil – *hélios* –, avant qu'on ne s'aperçoive qu'il faisait partie des gaz rares terrestres). Ce tableau sert aujourd'hui à classer méthodiquement les atomes ; ceux-ci sont les briques composant tous les corps chimiques de l'Univers. Leur réalité et leur universalité sont attestées par la spectroscopie des étoiles et des galaxies les plus lointaines. Cette technique, qui répartit les ondes lumineuses en fonction de leur fréquence, fait en effet apparaître des raies spectrales révélatrices de la présence d'atomes spécifiques dans la source, lesquels émettent ou absorbent la lumière sur les fréquences correspondantes.

Au début du XXe siècle, les physiciens réalisent que l'atome est une structure composite : un noyau central de charge positive, petit mais massif, est entouré d'un cortège d'électrons de charge négative. Le noyau est lui-même composé de nucléons. Les nucléons sont de deux sortes : un nucléon de charge positive est un proton ; un nucléon de charge neutre est un neutron.

Dans un premier modèle, dit « planétaire », les électrons sont représentés orbitant autour du noyau telles des planètes autour du Soleil. Ce modèle, que le grand public affectionne encore aujourd'hui, est faux : sinon, l'atome ne survivrait que quelques instants avant de s'effondrer. Afin de rendre compte de la stabilité atomique, Niels Bohr crée en 1913 un nouveau modèle d'atome dans lequel les orbites des électrons ne sont pas quelconques, mais « quantifiées » : seules certaines orbites particulières sont permises pour l'électron. Ces travaux amorcent la transition vers la physique quantique, très éloignée de nos concepts habituels, et sur laquelle repose désormais notre compréhension de la matière et de ses interactions.

À la même époque, les travaux d'Albert Einstein en relativité restreinte nous ont légué la formule $E = mc^2$, qui implique que la masse est équivalente à de l'énergie, et vice versa. Ainsi, lorsque plusieurs particules se combinent, la masse totale de l'assemblage est plus petite que la somme des masses des constituants et une partie de la masse de ces derniers est convertie en énergie. C'est ce qui explique pourquoi les étoiles brillent et les bombes nucléaires explosent. Le même Einstein a enfin établi le lien entre la courbure de l'espace-temps et la matière-énergie, grâce à la théorie de la relativité générale. La matière courbe l'espace-temps et l'espace-temps dicte à la matière comment se déplacer. La matière et l'énergie sont regroupées sous la même bannière, et une façon de mesurer leur quantité est d'observer la courbure de l'Univers qui les contient.

Au final, on se rend compte que la conception moderne de la matière emprunte un peu à chacune des anciennes théories : les atomes de Démocrite sont devenus les particules élémentaires appelées « quarks » et « leptons » (voir le chapitre 2 d'Étienne Klein, « De quoi est constituée la matière ») ; les éléments stables ne sont pas au nombre de quatre, mais de quatre-vingt-douze ; la physique actuelle a réalisé le vieux rêve de la transmutation en transformant certains atomes en d'autres ; le lien entre le microcosme et le macrocosme n'est plus symbolique mais effectif : nous sommes « poussières d'étoiles » puisque les atomes qui composent nos corps ont été formés dans des générations d'étoiles disparues ; enfin, il semble bien exister dans le cosmos une forme de matière céleste ou quintessence, désormais appelée « énergie sombre » !

Chapitre 2

De quoi est constituée la matière ?

Étienne Klein

Quel rapport y a-t-il entre l'eau des océans, l'air que nous respirons, les roches des montagnes, un diamant, une étoile, l'œil d'un chat, l'ADN ? Apparemment aucun. Et pourtant, derrière la multiplicité des phénomènes, la diversité des matériaux et la variété des corps, les physiciens, ces « conquérants du minuscule », sont parvenus à reconnaître, après de longs détours, une unité de constitution : tous les objets matériels qui nous entourent ont en commun d'être constitués des mêmes entités élémentaires ou, si l'on préfère, des mêmes particules élémentaires. En ce sens, il y a une « communauté de substance » entre toutes les formes sous lesquelles se présente la matière.

Mais cette « vraie matière » – les éléments dont sont faits tous les édifices matériels – n'est pas visible à l'œil nu. Pour la saisir et la comprendre, il est obligatoire de dépasser les apparences et les perceptions immédiates, d'approfondir son regard. Car, à l'échelle microscopique, la matière est très agitée, soumise à des transformations brutales que nous ne devinons pas lorsque nous regardons, de l'extérieur, les objets à notre échelle, une table ou un caillou par exemple. Se pourrait-il que, dans les arènes du microcosme, les constituants les plus minuscules soient sujets à des forces qui nous sont cachées ?

Si c'est le cas, quelle est la nature de ces forces et comment agissent-elles ?

La découverte de la radioactivité, il y a plus d'un siècle, a pour la première fois confronté les physiciens aux effets de ces forces inconnues surgies du cœur de l'infiniment petit. Ils sont parvenus à comprendre l'origine des divers rayonnements produits par les corps radioactifs et ont ainsi découvert un tout nouveau monde, microscopique, violent, fascinant. Ce fut un bouleversement radical, qui révéla aux chercheurs le monde des particules et les lois surprenantes qui le gouvernent.

La radioactivité, une porte vers le monde microscopique

La radioactivité correspond au fait que certains noyaux d'atomes se transforment, au bout d'un certain temps, en d'autres noyaux et que cette transformation s'accompagne de l'émission de rayonnements ou de particules. On dit qu'alors la matière se transmute.

Mais pourquoi certains noyaux se désintègrent-ils spontanément ? Parce qu'ils contiennent trop d'énergie et qu'un système a toujours tendance à se débarrasser de son excédent d'énergie. Souvenons-nous de Newton et de sa pomme : en tombant, la pomme transforme une partie de son énergie de départ (dite « potentielle ») en énergie cinétique, c'est-à-dire en énergie de mouvement. Lorsqu'elle s'immobilise sur le sol, son énergie cinétique redevient nulle et son énergie potentielle prend une valeur moindre que sa valeur initiale. En diminuant l'altitude de la pomme, la chute lui a donc permis de rejoindre un état plus stable, dans lequel son énergie potentielle est plus faible.

La radioactivité, c'est un peu la même chose, sauf que ce n'est pas la force de gravitation qui joue, mais une autre force beaucoup plus intense : la force nucléaire dite « forte », qui relie entre eux les éléments constitutifs du noyau.

La radioactivité est finalement le moyen qu'ont trouvé les noyaux pour évacuer leur trop-plein d'énergie nucléaire. En émettant des particules, un noyau radioactif se transforme en un autre noyau d'une façon telle que la masse totale des objets produits est plus faible que la masse du noyau de départ. Dans cette opération, de la masse disparaît donc. Mais elle ne se néantise pas pour autant : on la retrouve sous forme d'énergie, celle qu'emportent les particules produites par cette transmutation. C'est d'ailleurs ce que disait Einstein dès 1905 : énergie et masse sont des grandeurs équivalentes. $E = mc^2$…

La radioactivité n'est devenue vraiment intelligible que lorsque les physiciens ont compris, dans les années 1930, que tout noyau d'atome est composé de protons et de neutrons, particules que l'on appelle aussi « nucléons », car elles font partie du noyau (*nucleus* en latin). Ces particules entretiennent des relations mutuelles assez compliquées. Les protons ont une charge électrique positive, qui les fait se repousser mutuellement par le biais de la force électrique. Mais s'ils sont très proches les uns des autres, ce qui est le cas au sein d'un noyau, la force nucléaire forte, très puissante, tend au contraire à les maintenir ensemble. Les neutrons, eux, n'ont pas de charge électrique. Ils ne ressentent donc que la force nucléaire forte qui les lie de la même façon aux autres nucléons, que ceux-ci soient des protons ou des neutrons.

Schématiquement, les choses se passent ainsi : si, dans un noyau, les protons et les neutrons sont en nombre tel que la force nucléaire forte et la répulsion électrique se compensent, alors ce noyau est stable ; dans le cas contraire, c'est-à-dire si les effectifs en protons et en neutrons ne permettent pas l'équilibre entre les forces d'attraction et de répulsion, alors le noyau est radioactif : il finira par se désintégrer, au bout d'une durée d'autant plus courte que le déséquilibre entre les forces est important.

Prenons le cas de la radioactivité dite « α ». Elle correspond à l'émission de particules du même nom – les particules α donc –, constituées de deux protons et de deux neutrons très solidement accrochés les uns aux autres.

Elle permet à certains noyaux trop riches à la fois en protons et en neutrons d'évacuer leurs excédents. Au final, les deux protons et les deux neutrons qui se retrouvent dans la particule α éjectée sont plus soudés les uns aux autres qu'ils ne l'étaient dans le noyau dont ils sont issus.

La radioactivité dite « β », elle, concerne les noyaux trop riches en neutrons, qui finissent par augmenter leur cohésion en émettant un électron. Dans un premier temps, ce phénomène sembla inexplicable : puisque les noyaux ne contiennent pas d'électrons, comment diable parviennent-ils à en émettre ? Le plus simple, pour un noyau bourré de neutrons, ne serait-il pas de perdre un ou plusieurs neutrons spontanément ?

Eh bien non, car ce processus ne serait pas rentable d'un point de vue énergétique : le nouveau noyau et le neutron émis auraient au total plus d'énergie que le noyau de départ. Les noyaux contenant trop de neutrons doivent donc recourir à un artifice plus subtil : ils transforment l'un de leurs neutrons en un proton supplémentaire, qui reste au sein du noyau ; c'est la désintégration β du neutron. Cette transformation du neutron en proton, régie par une interaction appelée « interaction nucléaire faible », s'accompagne également de la création d'un électron qui ne préexistait pas à ce processus et qui, lui, sort du noyau.

N'est-ce pas étrange, au demeurant, de voir un électron sortir d'un noyau censé ne pas en contenir ? Lorsque nous extrayons de la pâte dentifrice d'un tube, nous ne doutons pas un seul instant que cette pâte était déjà contenue dans le tube avant d'en sortir, autrement dit qu'elle préexistait à son émission. Ce préjugé perd toute validité au niveau microscopique : un noyau peut fort bien émettre une particule qu'il ne contenait pas avant que celle-ci soit émise...

Quant à la radioactivité dite « γ », elle consiste en l'émission, par certains noyaux, de rayons γ, c'est-à-dire d'un rayonnement de même nature que la lumière, mais de très haute énergie, plus grande encore que celle des rayons X. Ces rayons forment une lumière analogue à la lumière ordinaire, celle qui est visible à l'œil nu, à la différence près qu'ils ont des fréquences si élevées que nos yeux ne peuvent pas les détecter. En général, ils sont émis après une émission α ou β, lorsque la désintégration du noyau de départ n'a pas permis l'évacuation de toute l'énergie excédentaire qu'il contenait : le noyau final a encore un peu d'énergie à perdre. Dans cette opération, la composition du noyau en neutrons et protons n'est pas modifiée, contrairement à ce qui se passe pour les radioactivités α ou β.

Deux sortes de particules de matière

Aujourd'hui, les physiciens savent que les particules qui constituent la matière se classent en deux catégories : les leptons et les quarks.

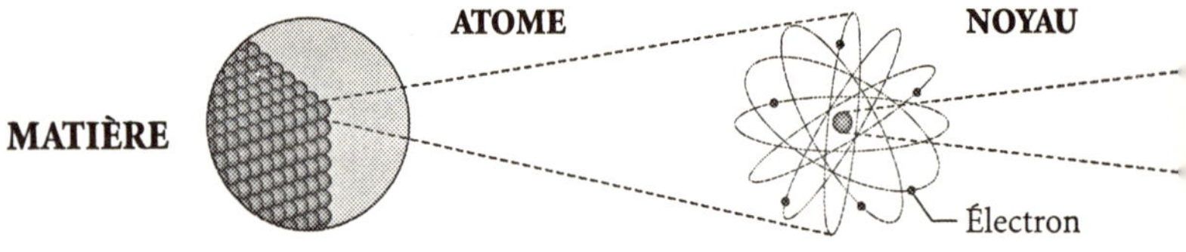

FERMIONS		**LEPTONS**	
Matière ordinaire	**Première famille**	**ÉLECTRON** Charge électrique –1	**NEUTRINO ÉLECTRON** Charge nulle
Rayons cosmiques et particules produites dans les accélérateurs	**Deuxième famille**	**MUON** Charge électrique –1	**NEUTRINO MUON** Charge nulle
	Troisième famille	**TAU** Charge électrique –1	**NEUTRINO TAU** Charge nulle
BOSONS VECTEURS Transmission des interactions		**PHOTON** Force électromagnétique	**GLUON** Force forte entre quarks
BOSON DE HIGGS ?		*Hypothétique*	**Responsable de la « brisure de symét**

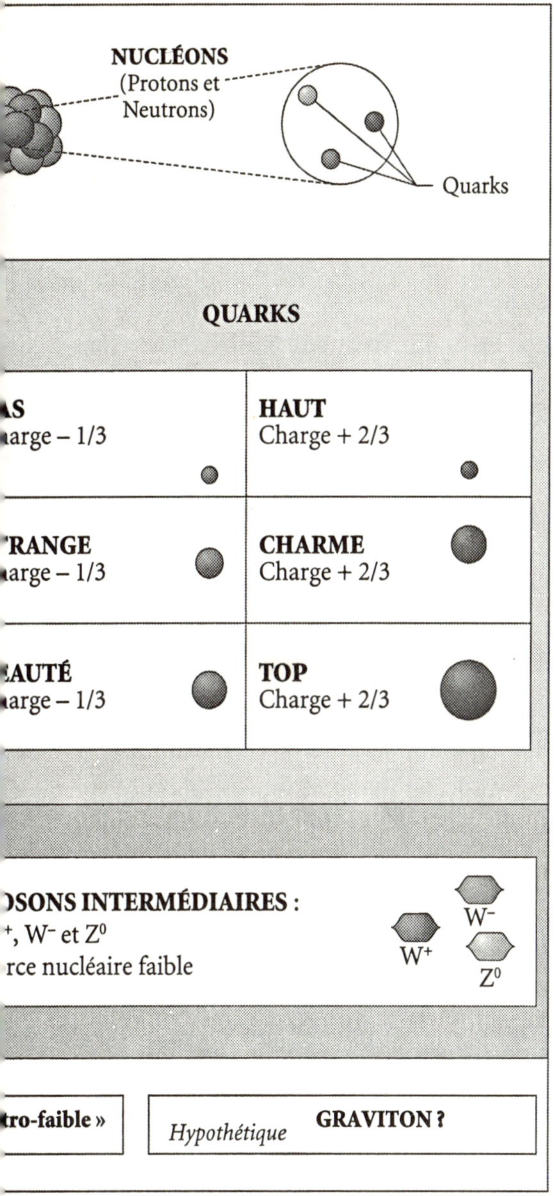

Figure 1.
Les expériences de laboratoire nous ont révélé la présence de trois familles de particules élémentaires dans l'Univers : les familles électronique, muonique et tauique. Y en a-t-il d'autres à découvrir ? La cohérence interne de la théorie du big bang et son aptitude à expliquer les populations relatives des atomes d'hydrogène d'hélium et de lithium-7 (cendres du big bang nées de la combustion initiale) exigent que le bilan soit déjà complet, qu'il n'existe pas d'autres familles. Cette prédiction de la théorie a été brillamment confirmée par de récentes expérimentations.

Les leptons sont des particules qui ne sont pas sensibles à l'interaction nucléaire forte assurant la cohésion des noyaux atomiques. Il existe six leptons différents. Les trois premiers ont une charge électrique nulle et une masse très faible : ce sont les neutrinos. Les trois autres sont massifs et électriquement chargés : ce sont l'électron, le muon et le tau, qui se présentent comme des particules identiques sous tous leurs aspects, sauf leur masse et leur durée de vie.

Les quarks, quant à eux, se trouvent à l'intérieur des particules sensibles à l'interaction nucléaire forte (on appelle ces particules « hadrons »). Il existe six sortes de quarks, désignées par les lettres u, d, s, c, b et t, à partir desquelles on peut reconstituer la structure de tous les hadrons connus (près de quatre cents). Par exemple, le proton et le neutron, qui sont les hadrons les plus célèbres, sont formés de quarks u et d.

La théorie actuelle de la physique des particules invite à regrouper les quarks et les leptons en trois familles structurées de façon identique (figure 1). Chacune d'elle est composée de deux quarks et de deux leptons. En fait, une seule famille (la première, composée de l'électron, de son neutrino et des deux quarks u et d) est suffisante pour rendre compte de la matière qui nous entoure (les atomes sont constitués d'électrons tournant autour d'un noyau, lui-même composé de protons et de neutrons, c'est-à-dire, *in fine*, de quarks u et d). Des questions se posent alors : à quoi servent les deux autres familles ? Pourquoi la nature a-t-elle choisi d'ainsi « bégayer » en créant trois fois quasiment la même chose ? Et d'où vient la hiérarchie des masses des particules élémentaires ? Pourquoi certaines sont-elles très lourdes et d'autres beaucoup plus légères ? Voilà quelques questions auxquelles les physiciens ne savent pas (encore ?) répondre.

Les forces en présence

Si le fruit tombe, si le soleil brille, si notre corps tient, ainsi que la table, si le filament de l'ampoule éclaire et si le timbre humide adhère, c'est qu'un jeu de forces assure la cohésion des choses et organise leur mouvement. Les physiciens considèrent aujourd'hui qu'il existe quatre forces « fondamentales » au sein de l'Univers : la gravitation, bien sûr ; l'interaction électromagnétique, qui rend compte de la cohésion de la matière à notre échelle ; l'interaction nucléaire faible, qui gère certains processus radioactifs, telle la désintégration du neutron que nous venons de décrire ; l'interaction nucléaire forte, qui lie les protons et les neutrons au sein des noyaux des atomes.

Dans les années 1970, les physiciens ont pu démontrer que la force électromagnétique et la force nucléaire faible, bien que très dissemblables en apparence, ne sont pas indépendantes l'une de l'autre : dans un passé très lointain de l'Univers, elles ne faisaient qu'une.

Cette démarche unificatrice a pu être étendue à l'interaction nucléaire forte. Le résultat obtenu, qui est d'une puissance considérable, constitue le « modèle standard » de la physique des particules. Il a pu être finement testé grâce à de gigantesques collisionneurs de particules.

Qu'est-ce qui est à l'origine de la masse des particules ?

Souvent, le public se pose la question de savoir comment des particules sans masse, tel le photon, peuvent exister. Les physiciens, quant à eux, se posent la question inverse : comment des particules ont-elles pu acquérir de la masse ?

Plus précisément, ils essaient de comprendre l'origine de la masse des particules en étudiant la manière dont celles-ci se propagent dans le vide quantique. L'idée qu'ils explorent ainsi est la suivante : la masse des particules ne serait pas une propriété intrinsèque des particules elles-mêmes, mais serait liée à la manière dont celles-ci interagissent avec la structure quantique du vide.

Pour traiter les interactions fondamentales, le modèle standard s'appuie sur un petit nombre de principes qui donnent à la théorie toute son efficacité en même temps qu'ils posent un problème irritant : ils impliquent que toutes les particules devraient avoir... une masse nulle ! Or ce n'est manifestement pas le cas. Cette contradiction a pu être formellement résolue à la fin des années 1960. en supposant que, dans l'Univers primordial, l'interaction électromagnétique et l'interaction nucléaire faible, jusque-là confondues, se seraient brusquement différenciées à l'issue d'un processus capable de conférer une masse aux particules.

Ce processus, appelé « mécanisme de Higgs », devrait avoir laissé des traces sous la forme d'une particule additionnelle, encore à découvrir : le boson de Higgs. D'après la théorie, toutes les particules de l'Univers heurtent sans cesse des bosons de Higgs, présents dans tout l'espace, ce qui ralentit leurs mouvements de la même façon que si elles avaient une masse.

Dans les années qui viennent, le boson de Higgs sera activement recherché auprès du LHC (*Large Hadron Collider*), le gigantesque collisionneur de protons dont la construction s'est terminée en 2008 au CERN, à Genève. Nous saurons donc bientôt s'il s'agit d'un objet bien réel, comme le sont les autres particules décrites par le modèle standard, ou bien s'il ne constitue qu'un artifice mathématique qui aurait abusivement séduit les physiciens.

Mais le problème de la masse n'est pas le seul : les physiciens savent désormais que la matière visible, ordinaire, celle qui compose les étoiles, les galaxies et est benoîtement constituée d'atomes, n'est en réalité qu'une frange du contenu de l'Univers, sa petite écume visible. Elle ne représente que 3 ou 4 % du total, pas plus. Le reste, ce sont, d'une part, la matière noire, d'autre part, l'énergie noire, dont les natures respectives demeurent inconnues.

Voilà de quoi rendre modestes les physiciens, en dépit des multiples découvertes qu'ils ont faites au XXe siècle…

Chapitre 3

Le monde des neutrinos

Hubert Reeves

L'histoire de la découverte des neutrinos est des plus fascinante. Leur existence, qui fut postulée vers 1930 par le physicien Wolfgang Pauli pour résoudre une énigme posée par le comportement des neutrons, a été confirmée par l'observation. Par la suite, on a progressivement découvert leur rôle majeur dans l'astronomie et la cosmologie. Aujourd'hui, on pense que leurs propriétés pourraient expliquer la différence entre les populations de la matière et de l'antimatière discutée dans le chapitre 4 d'Hubert Reeves, « Antimatière ».

Le neutrino est une particule élémentaire remarquable par sa grande discrétion. Il interagit extrêmement peu avec les autres particules. Cette propriété lui permet, d'une part, de traverser d'énormes quantités de matière sans en être affecté – passer au travers de la Terre, par exemple, ne lui pose aucun problème – et le rend, d'autre part, très difficile à observer : il faut des instruments gigantesques pour en détecter quelques-uns. En contrepartie, il nous renseigne sur des contrées parmi les plus mystérieuses du cosmos : l'intérieur du Soleil et de la Terre, les régions denses des supernovae (étoiles s'effondrant sur elles-mêmes)…

Des émissions de neutrinos accompagnent les désintégrations de noyaux radioactifs : uranium, thorium, etc. Les réacteurs nucléaires en produisent des quantités importantes, tout comme le cœur des étoiles, siège de réactions thermonucléaires qui leur procurent énergie et lumière. Contrairement au Soleil « lumineux », dont les rayons ne nous parviennent que de jour et dont on dit qu'il se couche la nuit, le Soleil « neutrinique » ne se couche jamais : les neutrinos solaires traversent la Terre sans difficulté et nous parviennent à toute heure du jour ou de la nuit. À chaque seconde, des dizaines de milliards de neutrinos traversent notre corps sans que nous en soyons si peu que ce soit incommodés. Notre corps lui-même en émet, à partir de la faible proportion d'atomes radioactifs incluse dans nos os.

Les réactions nucléaires qui ont accompagné les premières secondes de l'Univers ont engendré d'immenses populations de neutrinos qui parcourent encore l'Univers. Chaque centimètre cube d'espace contient environ cinq cents neutrinos, soit plus que le nombre de photons (quatre cents). Contrairement au photon, le neutrino a une masse (quelques millionièmes de celle de l'électron). La masse cumulée de tous les neutrinos dans l'Univers est comparable à celle de toutes les étoiles !

Aujourd'hui, l'étude des neutrinos dans les grands accélérateurs est un des sujets les plus importants de la physique contemporaine. On est loin de connaître toutes leurs propriétés. On soupçonne, sans en avoir la preuve, qu'ils sont responsables du fait que notre Univers contient plus de matière que d'antimatière. Pour une particule discrète, dont l'existence fut prédite grâce à l'imagination d'un physicien, c'est une jolie illustration de la puissance de l'esprit humain pour comprendre le monde !

Chapitre 4

Antimatière

Hubert Reeves

La découverte de l'antimatière date de 1932. Elle fut détectée pour la première fois par Carl Anderson dans une émulsion photographique envoyée en ballon dans la haute atmosphère. Son apparition avait été provoquée par le bombardement de l'émulsion par des particules de haute énergie en provenance de l'espace interstellaire, formant ce que l'on appelle les « rayons cosmiques ».

L'illustration n° 28 (dans le cahier central) montre le résultat de la collision de l'une de ces particules sur une plaque de métal embarquée dans la nacelle. On y distingue deux spirales tournant en sens inverse. Il s'agit de traces laissées l'une par un électron ordinaire possédant une charge électrique négative et l'autre par un antiélectron de charge positive, la présence d'un champ magnétique les ayant tous deux forcés à tourner en sens inverse.

Par la suite, on a découvert l'existence d'antiprotons (antiparticules des protons), d'antineutrons et d'antineutrinos, ainsi que de quarks et d'antiquarks. À chaque particule élémentaire correspond une antiparticule. L'ensemble des antiparticules porte le nom d'antimatière.

L'existence de l'antimatière avait été prévue sur des bases théoriques peu d'années auparavant par le physicien Paul Dirac : il avait montré que l'association de la théorie de la relativité d'Albert Einstein avec la physique quantique de Niels Bohr, Erwin Schrödinger, Werner Karl Heisenberg et Louis de Broglie impliquait l'existence dans le cosmos, en parallèle avec la matière ordinaire, d'une autre forme de matière que l'on appela alors « antimatière ».

Plus tard, on découvrit une étrange propriété du duo matière-antimatière : si l'on met de la matière et de l'antimatière en présence l'une de l'autre, elles s'annihilent et se transforment en lumière. À l'inverse, des photons lumineux peuvent, lors de collisions nucléaires, se transformer en paires de particules et antiparticules. Ce phénomène porte le nom de « création de paires ».

L'antimatière est très rare dans notre Univers. On en trouve en quantité infime dans le rayonnement cosmique et on en fabrique dans les accélérateurs de particules. Son abondance cosmique est infiniment plus faible que celle de la matière ordinaire.

Cette préférence du cosmos pour la matière par rapport à l'antimatière pose un problème à la physique et à la cosmologie. En effet, toutes les réactions physiques qui, en laboratoire, créent de l'antimatière créent également de la matière en quantité strictement égale. La création d'un d'antiélectron, par exemple, est toujours accompagnée de celle d'un électron. On s'attendrait donc à ce que les innombrables réactions physiques qui se sont produites au moment du big bang aient engendré des populations égales de particules et d'antiparticules. Comment expliquer la différence que nous constatons aujourd'hui entre ces deux populations ?

Notons que cette différence est heureuse : grâce à elle, les conditions de notre existence ont pu s'élaborer ; sans elle, toute la matière se serait annihilée, l'Univers serait exclusivement composé de pure lumière, sans aucun observateur pour l'apprécier !

Chapitre 5

Les trous noirs

Jean-Pierre Luminet

Le concept d'astre invisible a été imaginé dès la fin du XVIIIe siècle, dans le cadre de la théorie de l'attraction universelle de Newton. Un astre suffisamment massif produirait un champ de gravité assez grand pour emprisonner même les rayons lumineux. Ainsi, un corps ayant la densité moyenne de l'eau (1 g/cm^3) et une masse de dix millions de fois celle du Soleil serait invisible. De tels corps sont aujourd'hui nommés « trous noirs supermassifs ». Les astronomes soupçonnent leur existence au centre de pratiquement toutes les galaxies (bien qu'ils ne soient pas constitués d'eau !). Plus communs encore seraient les « trous noirs stellaires », dont la masse serait de l'ordre de quelques masses solaires et le diamètre d'une dizaine de kilomètres seulement. Pour transformer le Soleil en trou noir, il faudrait le réduire à une boule de 6 km de diamètre ; quant à la Terre, il faudrait la compacter en une bille de 1 cm !

La théorie des trous noirs ne s'est toutefois développée qu'au XXe siècle, dans le cadre de la relativité générale. Selon la conception einsteinienne, l'espace, le temps et la matière sont associés en une structure géométrique non euclidienne compliquée. En termes simples, la matière-énergie confère une forme à l'espace-temps. Ce dernier peut être vu comme une nouvelle entité qui est à la fois « élastique », en ce sens que les corps massifs engendrent localement de la courbure, et « dynamique », ce qui signifie que cette structure évolue au cours du temps, au gré des mouvements des corps massifs. Par exemple, tout corps massif engendre une courbure autour de lui, dans le tissu élastique de l'espace-temps ; si le corps se déplace, la courbure se déplace avec lui et fait vibrer l'espace-temps ainsi parcouru d'ondulations appelées « ondes gravitationnelles ».

Les équations d'Einstein indiquent les relations entre le degré de courbure de l'espace-temps et la concentration de matière (au sens large du terme, c'est-à-dire incluant toutes les formes d'énergie). Les trous noirs sont la conséquence logique de ce couplage entre matière et géométrie. Ils rassemblent tellement d'énergie dans une région confinée de l'Univers qu'ils creusent un véritable « puits » dans le tissu élastique de l'espace-temps. Toute particule, tout rayon lumineux pénétrant dans une zone critique définie par le bord (immatériel) du puits est irrémédiablement capturé.

C'est dans les années 1960-1970 que la théorie des trous noirs a le plus progressé. Par exemple, outre le fait qu'un trou noir possède une masse, on a alors découvert qu'il peut être en rotation et posséder une charge électrique. Cela permet d'énoncer le théorème fondamental de la physique des trous noirs selon lequel le trou noir isolé et à l'équilibre est entièrement spécifié par trois paramètres : sa masse, son moment angulaire et sa charge électrique. Avec ces nouveaux attributs, le trou noir tel qu'on le concevait avant 1960, passif et distordant l'espace-temps sans que rien ne l'affecte lui-même, a laissé la place à un trou noir dynamique, capable de subir ou d'exercer des forces, d'absorber ou de fournir de l'énergie, et de se transformer au cours du temps.

La mécanique quantique a aussi fait une entrée en force dans la théorie des trous noirs en s'intéressant à des trous noirs microscopiques. Dans la conception classique, rien ne peut sortir d'un trou noir. Mais dans la description quantique, aucune particule ne peut être considérée comme définitivement prisonnière d'une barrière de potentiel. Selon le principe d'incertitude appliqué à la théorie des trous noirs microscopiques, des « tunnels quantiques » seraient créés à travers l'horizon gravitationnellement infranchissable, permettant ainsi aux trous noirs de s'évaporer. Les trous noirs quantiques, formés non par effondrement gravitationnel d'astres massifs, mais lors des tout premiers instants de l'Univers, par condensation brutale de grumeaux dans la pâte primordiale, pourraient avoir la masse d'une montagne et la taille d'un proton, et ne survivre que 13,7 milliards d'années – l'âge estimé de notre Univers.

Au début des années 1980, alors que la théorie classique des trous noirs était pratiquement considérée comme acquise, ils n'avaient encore aucun statut observationnel. L'hypothèse de l'existence réelle des trous noirs géants fut alors réintroduite grâce à l'observation, pour expliquer les grandes quantités d'énergie libérées par les noyaux actifs de galaxies, dont les quasars sont les plus lumineux. Mais les preuves restaient précaires, jusqu'aux analyses récentes réalisées par le télescope spatial Hubble, réellement convaincantes. On suspecte désormais la présence de trous noirs supermassifs au centre de pratiquement toutes les galaxies, y compris la nôtre.

Ce n'est que dans la deuxième moitié de la décennie 1970 que, grâce aux observations faites par des satellites dans la gamme du rayonnement X, les premiers « candidats » trous noirs à l'échelle stellaire ont fait leur apparition. On en compte aujourd'hui quelques dizaines dans notre galaxie, tout en estimant qu'elle peut en abriter une centaine de millions. Malgré ces indices favorables, le statut observationnel des trous noirs est encore précaire. Seule une éventuelle détection d'ondes gravitationnelles rendra peut-être leur existence indiscutable.

Au-delà de leur impact sur l'imagination populaire, les trous noirs sont au cœur d'un double enjeu : multiplier le nombre de connexions entre différents champs de la physique et faire reconnaître l'urgence d'un programme expérimental qui confirmerait leur existence. On voit donc aujourd'hui la recherche sur les trous noirs s'ouvrir à tous les domaines de la physique susceptibles d'accroître leur capital de pertinence. La puissance fascinatrice qu'ils exercent – tant chez le grand public que chez les spécialistes – est un cas unique en physique fondamentale, sans doute lié à l'idée très anthropomorphe d'un destin invisible où s'effondre toute existence, un voyage sans retour vers un gouffre indicible où toute identité se perd.

Chapitre 6

Du big bang aux étoiles

Nicolas Prantzos

La cosmologie est la discipline qui étudie la structure et l'évolution de l'Univers dans son ensemble (voir l'illustration n° 29 dans le cahier central). Ses débuts remontent à 1915, année de la formulation, par Albert Einstein, de la théorie de la relativité générale : pour la première fois, une théorie est capable de décrire le comportement global de l'Univers sous l'emprise de la gravitation, seule force importante au niveau du macrocosme.

En 1922, le mathématicien russe Alexander Friedmann établit que la relativité générale prédit un Univers non statique, en expansion ou en contraction globale. Einstein refuse de croire à cette conclusion étonnante et préfère modifier les équations cosmologiques de sa théorie en leur associant un terme supplémentaire (la fameuse « constante cosmologique »), afin de retrouver un Univers statique en accord avec ses convictions philosophiques. Quelques années plus tard, il admettra qu'il a alors commis « la plus grande erreur de sa vie »...

Effectivement, en 1928, l'astronome américain Edwin Hubble découvre que les galaxies s'éloignent de la nôtre à une vitesse proportionnelle à leur distance. L'Univers est donc en expansion, ce qui implique que sa densité était plus grande par le passé qu'aujourd'hui. Sa température devait également être plus élevée : en effet, comprimer un gaz provoque son échauffement.

Dans les années 1930, l'abbé belge Georges Lemaître suggère que l'Univers a jailli il y a quelques milliards d'années d'un « atome primitif » extrêmement dense et chaud. Dans les années 1940, le physicien russe George Gamow et ses collaborateurs « explorent » cet atome primitif à l'aide de la toute jeune physique nucléaire. Ils aboutissent à deux conclusions importantes :

– dans l'Univers primordial chaud, dont la températures était de plusieurs centaines de millions de degrés, les réactions nucléaires entre protons (noyaux de l'hydrogène, l'élément le plus simple et le plus abondant) ont dû synthétiser de grandes quantités de quelques éléments légers et, surtout, de l'hélium-4 (dont le noyau comporte deux protons et deux neutrons) ;

– il devrait subsister aujourd'hui un « résidu » de cette jeunesse flamboyante, un rayonnement (invisible à nos yeux, mais détectable par les radiotélescopes) correspondant à une température de quelques kelvins au-dessus du zéro absolu, en raison du refroidissement provoqué par l'expansion.

Les ingénieurs américains Arno Penzias et Robert Wilson découvrent accidentellement le rayonnement fossile du cosmos en 1965 (ce qui leur vaut le prix Nobel de physique en 1979). Leur antenne radio capte un signal (ou plutôt un « bruit de fond ») qui nous parvient avec la même intensité de toutes les directions du ciel (voir l'illustration n° 30, dans le cahier central) ; sa source ne peut donc être que l'Univers dans son entier. Sa température est d'environ 3 K (soit –270 °C), ce qui confirme de manière éclatante l'intuition de Gamow.

Portraits de quelques scientifiques qui ont marqué l'histoire des sciences de la matière et de l'Univers

1 – Thalès de Milet (-624)-(-547) : le feu, l'air, l'eau et la terre sont les éléments constitutifs de la matière.

© Bianchetti-Leemage

2 – Pythagore (-569)-(-494) : la matière et les nombres sont reliés.

© Raffael-Leemage

3 – DÉMOCRITE (-460)-(-370) :
la matière est formée d'atomes.
© AKG-images

4 – ARISTOTE (-384)-(322) :
les éléments se transforment
les uns dans les autres.
© Electa-Leemage

5 – GALILÉE, 1564-1610 :
les mathématiques sont le
langage de la nature ; matière
terrestre et matière céleste
obéissent aux mêmes lois.
© MP-Leemage

6 – Isaac Newton, 1643-1727 : la force de gravité ; la pomme et la lune sont soumises à l'attraction universelle.
© Josse-Leemage

7 – Antoine Laurent de Lavoisier, 1743-1794 : la chimie moderne.
© Selva-Leemage

8 – JOHN DALTON,
1766-1844 :
la chimie moderne.
© MP/Leemage

9 – JAMES CLERK MAXWELL,
1831-1879 :
l'électricité
et le magnétisme
sont des
manifestations
de la force
électromagnétique.
© MP-Leemage

10 – DMITRI MENDELEÏEV, 1834-1907 : classification des éléments chimiques.
© MP-Leemage

11 – HENRI BECQUEREL, 1852-1908 : la radioactivité.
© MP-Leemage

12 – MAX PLANCK, 1858-1947 : les quanta.
© AKG-images

13 – MARIE CURIE, 1867-1934 : la désintégration des éléments radioactifs.
© Aisa-Leemage

14 – ERNEST RUTHERFORD, 1871-1937 : le noyau de l'atome.
© Fototeca-Leemage

15 – ALBERT EINSTEIN,
1879-1955 :
le temps et l'espace sont reliés ; la matière et l'énergie courbent l'espace ; l'espace recourbé modifie les mouvements des corps.
© AKG-images

16 – NIELS BOHR,
1885-1962 :
le modèle atomique, précurseur de la physique quantique.
© Heritage Images-Leemage

17 – LOUIS DE BROGLIE, 1892-1987 : le caractère ondulatoire de la matière.
© Selva-Leemage

18 – GEORGES LEMAÎTRE, 1894-1966 : le modèle de l'atome primitif, précurseur du modèle du big bang.
© Bettmann-Corbis

19 – WOLFGANG PAULI, 1900-1958 : les neutrinos.
© MP-Leemage

20 – Werner Heisenberg, 1901-1976 : le principe d'incertitude.

21 – Enrico Fermi, 1901-1954 : les forces nucléaires, la forte et la faible.

22 – PAUL DIRAC, 1902-1984 :
le spin et l'antimatière.
© Jacques Boyer-Roger Viollet

23 – GEORGE GAMOW, 1904-1968 :
le rayonnement fossile, vestige du big bang.
© Selva-Leemage

24 – HANS BETHE, 1906-2005 :
l'énergie des étoiles est d'origine nucléaire.
© AKG-images

25 – FRED HOYLE, 1915-2001 : les étoiles engendrent les atomes.
© Bettmann-Corbis

26 – MURRAY GELL-MANN, 1929- : les protons et les neutrons sont composés de quarks.
© Ramin Talaie-Corbis

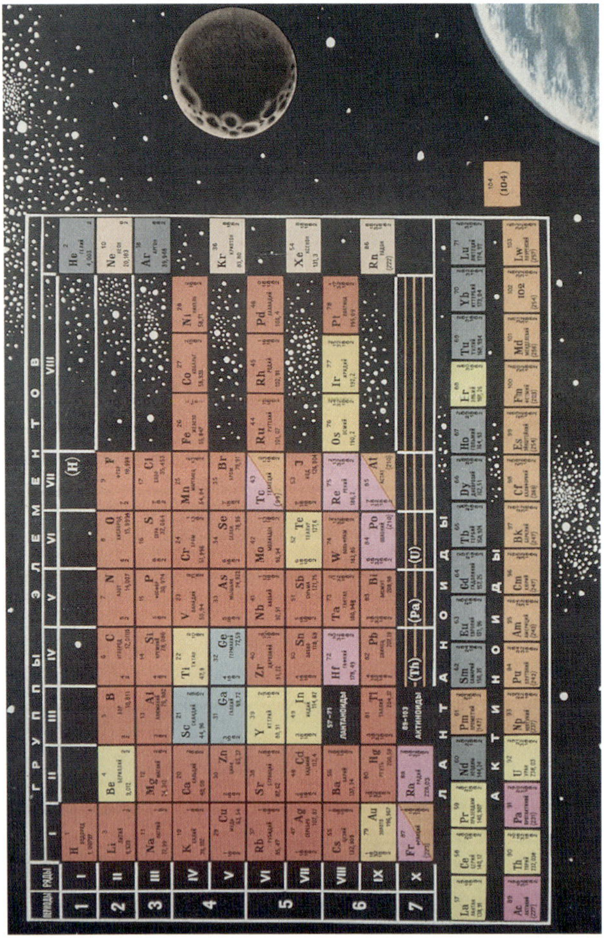

27 – Tableau de Mendeleïev des éléments chimiques. À chaque case correspond un atome dont le nombre d'électrons figure en haut du rectangle. Les éléments sont classés par colonne, selon leurs propriétés chimiques.

Quelques images contemporaines de la matière

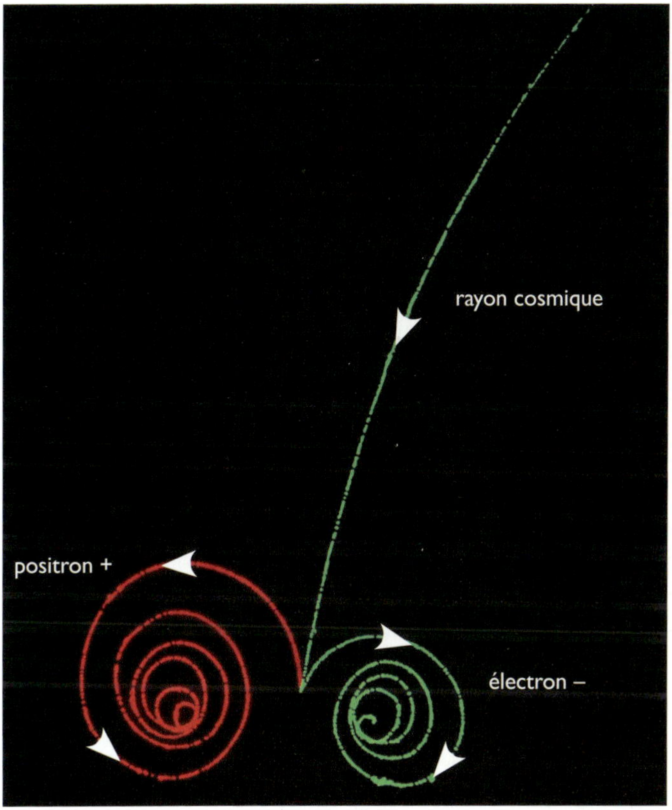

28 – Image d'une paire électron-antiélectron produite par le rayonnement cosmique. Les courbures opposées des trajectoires dans le champ magnétique du détecteur indiquent que les charges électriques des particules sont différentes (charge « moins » pour l'électron ; charge « plus » pour l'antiélectron, appelé aussi positron).
© Berkeley-SPL-Cosmos

29 – Cette photo nous présente notre Univers dans ses plus grandes dimensions. On peut le décrire comme un archipel de galaxies qui s'étend à perte de vue. Chaque tache de couleur, y compris les plus petites, représente une galaxie, soit un système composé d'une centaine de milliards d'étoiles comme notre Soleil. Nous pouvons observer plus d'une centaine de milliards de galaxies dans la partie de l'Univers que nos télescopes nous permettent d'atteindre. Leur nombre réel est sans doute beaucoup plus grand. Peut-être infini…
On aperçoit, ici et là, des arcs lumineux provoqués par les distorsions gravitationnelles de certaines images de galaxies.

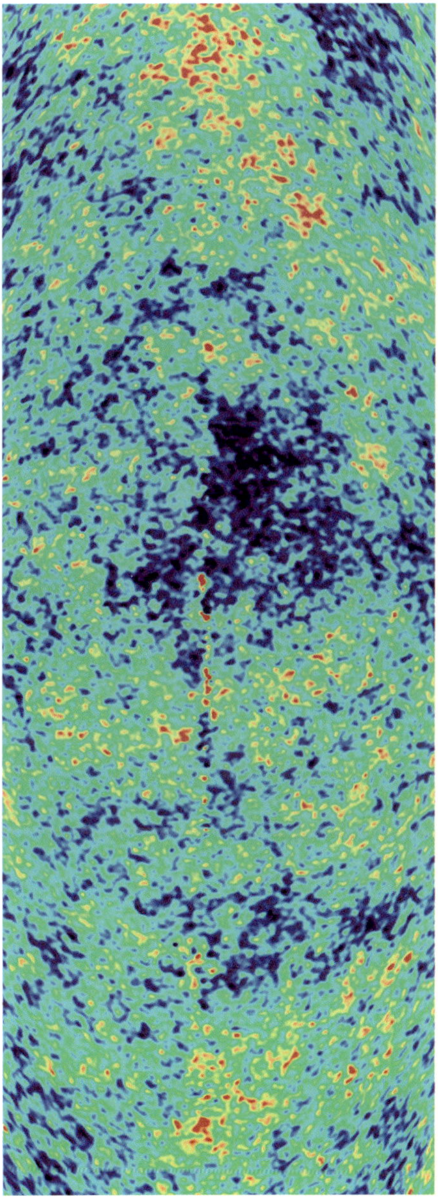

30 – Voici une image en direct du cosmos âgé de 400 000 ans, alors que sa température était de trois mille degrés absolus (3 000 K) ; elle est aujourd'hui de trois degrés absolus (3 K), soit –273 °C.
Les couleurs (codées) indiquent les variations (artificiellement amplifiées) de température et de densité à cette époque. Les régions les plus denses (en rouge) sont les germes des amas de galaxies qui, plus tard, donneront naissance aux galaxies, aux étoiles et aux planètes. Les photons qui composent cette image voyagent depuis près de 14 milliards d'années.

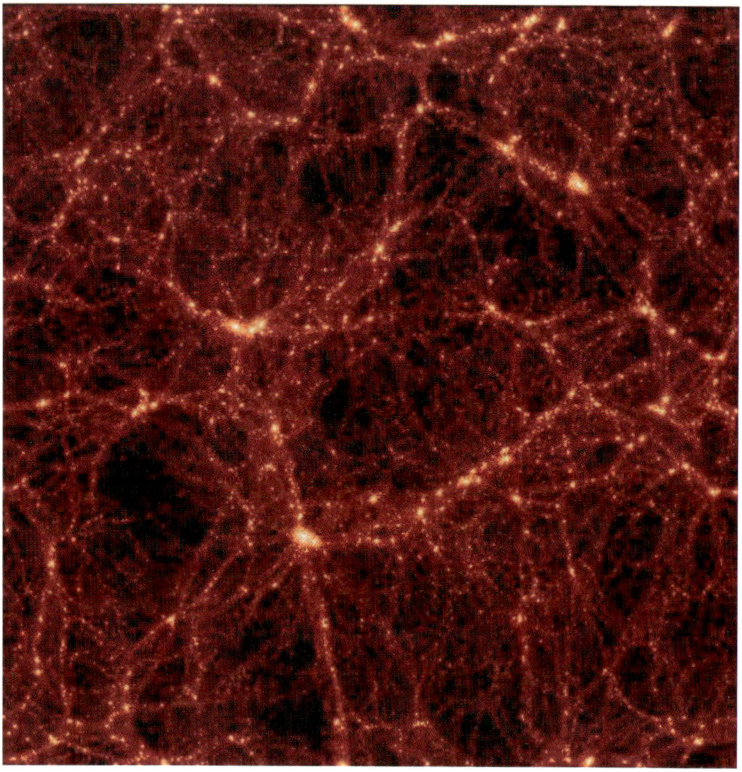

31 – Les simulations numériques à l'aide d'ordinateurs permettent de reconstituer le comportement de la matière à très grand échelle. On peut ainsi suivre l'évolution du cosmos depuis le big bang jusqu'à nos jours. Ici, les régions les plus brillantes deviendront des amas de galaxies, au sein desquels apparaîtront les étoiles. Les régions les plus sombres forment d'immenses zones pratiquement vides de corps célestes.

En 1964, l'astrophysicien britannique Fred Hoyle montre que si, parmi quatre-vingt-douze éléments chimiques, quatre-vingt-dix sont produits par les réactions nucléaires au sein des étoiles, il n'en est pas de même pour l'hélium-4 : seul l'Univers primordial chaud est capable de produire les vastes quantités observées de ce gaz, qui constitue environ un quart de la matière lumineuse de l'Univers. Hoyle ne croit pas du tout à la théorie de Gamow, qu'il baptise ironiquement « big bang » lors d'une émission radio de la BBC, en 1948 (la bombe atomique sur Hiroshima ayant manifestement marqué les esprits). Cependant, les abondances observées d'une poignée d'autres isotopes légers (hélium-3, deutérium, lithium-7), censés être synthétisés lors du big bang, se trouvent aussi en accord avec les prédictions théoriques. Ainsi, solidement ancré sur ses trois piliers (expansion universelle, abondance des éléments légers, existence du rayonnement fossile), le modèle du big bang de Gamow se trouve promu au statut de théorie.

Selon cette dernière, la matière (protons, noyaux légers et électrons) et le rayonnement électromagnétique (photons) restent à l'équilibre pendant environ 300 000 ans après le « moment » du big bang : la densité ambiante demeure suffisamment grande pour assurer des collisions fréquentes (et des échanges énergétiques) entre électrons et photons, et pour maintenir cet équilibre. Cependant, le refroidissement continu de l'Univers (dû à son expansion) provoque un « changement de phase » : au-dessous de 3 000 K, les électrons sont capturés par les noyaux pour former des atomes électriquement neutres. Les photons interagissent peu avec les atomes et, désormais, se propagent librement (et en ligne droite) dans l'Univers à moins – événements très rares – d'entrer en collision avec un objet céleste ou avec nos détecteurs. Ainsi les photons du rayonnement fossile sont-ils les témoins directs d'une époque reculée dans le temps, vieille d'environ 13,7 milliards d'années. Aucun signal électromagnétique ne peut nous parvenir des époques antérieures, car l'Univers était opaque au rayonnement pendant ses premiers 300 000 ans.

Avec la richesse de ses différentes structures (étoiles, systèmes stellaires, galaxies, amas et superamas de galaxies), l'Univers actuel ne ressemble pas du tout à la « soupe » chaude et indifférenciée de sa période opaque. Son histoire ne peut donc pas se résumer à une simple séquence d'expansion, de dilution et de refroidissement. Les physiciens connaissent une seule force capable de rassembler de vastes quantités de matière à travers les immensités de l'espace : la gravitation. Selon un scénario imaginé dans les années 1970, notamment par l'astronome américain Philip James E. Peebles, de petites inhomogénéités initiales, des « grumeaux » dans la soupe primordiale, se sont effondrées sous leur propre poids et ont attiré la matière avoisinante, formant progressivement des structures de plus en plus grandes (figure 2). Ces « grumeaux » attirèrent aussi, localement, la lumière qui baignait l'Univers primordial (car aucune substance, aussi « éthérée » soit-elle, ne peut se soustraire à la gravité). C'est ainsi que la distribution spatiale de la lumière perdit son homogénéité.

En 1990, le satellite américain *COBE* (*Cosmic Background Explorer*) détecte de faibles inhomogénéités dans le rayonnement fossile, l'intensité des disparités ne dépassant pas 1 cent millième du rayonnement enregistré, et cela dans différentes directions du ciel. Les Américains John C. Mather et George F. Smoot, chefs du projet, obtiennent le prix Nobel

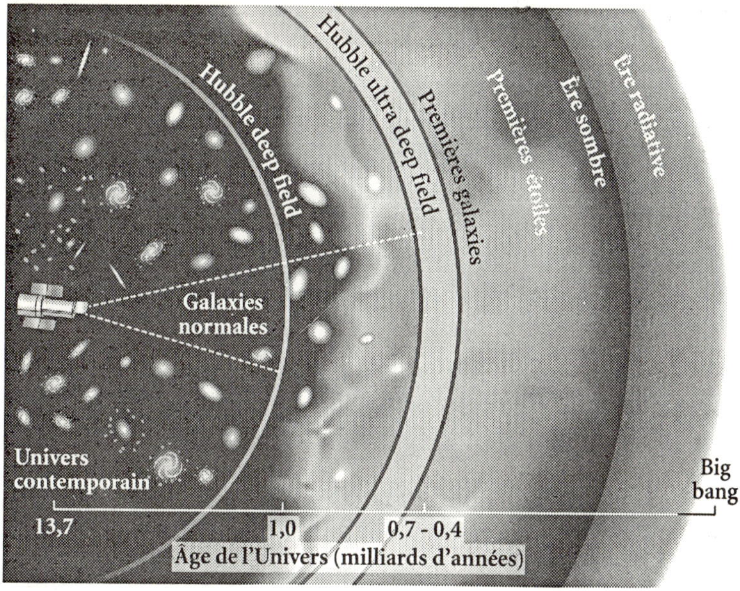

Figure 2. Déroulement des événements cosmiques au cours du temps.

2006 pour cette découverte, qui valide les idées des théoriciens. Ces derniers réalisent néanmoins que la gravité de la matière visible n'est pas assez forte pour structurer l'Univers dans les 13,7 milliards d'années qui se sont écoulées depuis le big bang : les grumeaux doivent contenir presque dix fois plus de matière que la seule matière visible.

Mais comment expliquer que puisse exister une matière qui reste invisible dans toutes les longueurs d'onde du spectre électromagnétique ? Baptisée « matière sombre », on suppose qu'elle est de nature très différente de la matière ordinaire, qui est composée essentiellement de protons, de neutrons et d'électrons. La présence de cette matière sombre aide, par ailleurs, à expliquer bon nombre d'observations concernant les mouvements du gaz au sein des galaxies spirales (comme la nôtre) et des amas galactiques. Malgré les recherches de ces trente dernières années, sa nature nous échappe toujours, au point que certains ont imaginé des théories alternatives de la gravitation, afin de se débarrasser de cette substance encombrante.

Grâce aux simulations numériques réalisées sur des ordinateurs de plus en plus puissants (voir l'illustration n° 31 dans le cahier central), il est possible aujourd'hui de reconstituer l'histoire de la structuration de l'Univers. La gravité de la matière sombre crée un réseau filamentaire dans lequel tombe la matière ordinaire, formant les galaxies ; dans les « nœuds » de ce réseau se forment, plus lentement, les amas et les superamas galactiques. Dans les galaxies relativement isolées, le gaz tourne autour du centre galactique, formant un disque, et se transforme lentement en étoiles ; c'est le cas des galaxies-disques, plus connues sous le nom de « galaxies spirales » en raison des instabilités dynamiques qui se propagent en leur sein.

Dans les régions plutôt denses de l'Univers, les collisions entre deux galaxies sont assez fréquentes. Elles induisent une formation massive d'étoiles et l'expulsion rapide du gaz restant ; c'est ainsi que se forment les galaxies elliptiques, du moins selon l'état actuel de nos connaissances.

Ce récit est en accord avec les observations récentes réalisées avec les grands télescopes, au sol et dans l'espace, qui permettent de voir la structure de l'Univers de plus en plus loin et de remonter ainsi le temps (en raison de la vitesse finie de la lumière). Cependant, on est encore loin d'avoir tout compris. Les questions restent ouvertes dans le cas par exemple de divers processus physiques au sein des galaxies (comme la transformation du gaz en étoiles ou son expulsion, suite à des phénomènes violents), ou de l'histoire des « âges sombres », cette courte période de quelques dizaines de millions d'années qui a précédé la formation des premières étoiles.

La mise en service de nouveaux télescopes spatiaux dans les années 2010 permettra sans doute de faire un peu de lumière sur ces âges sombres.

Chapitre 7

Les limites de la théorie du big bang

Hubert Reeves

La science n'est pas un domaine de vérité, mais de plausibilité. À la lumière de l'ensemble des observations et des théories de la physique, que pouvons-nous dire du cosmos et de son passé ?

Aujourd'hui, la théorie du big bang paraît la mieux adaptée, la plus crédible, la plus plausible (voir le chapitre 6 de Nicolas Prantzos, « Histoire de la structuration cosmique »). Mais il ne s'agit nullement d'un savoir figé : cette théorie a ses problèmes et ses limites, elle n'est pas achevée. De surcroît, comme toute théorie scientifique, elle est vulnérable : elle pourrait être mise en péril et même détrônée par de futures observations. Mais, à ce jour, elle reste, et de loin, notre meilleur choix parmi les différentes théories cosmologiques.

Que dit-elle ? Que l'Univers a été plus chaud, plus dense et plus lumineux dans le passé. Que des extrapolations nous amènent à la conclusion qu'il y a 13,7 milliards d'années la température, la densité et la luminosité de l'Univers atteignaient des valeurs extrêmes qui posent à la physique des problèmes loin d'être résolus. Il est habituel de parler alors d'un « début de l'Univers », dans un sens qui reste assez vague. Il nous est encore impossible de décrire « ce qu'il y avait avant ». Pénétrer dans ce domaine inconnu, dans cette nouvelle *Terra incognita,* exigerait de trouver au préalable la solution de l'un des plus grands problèmes contemporains : comment concilier la théorie de la relativité générale d'Albert Einstein et la physique des atomes ou physique quantique ? En d'autres mots, comment trouver une formulation satisfaisante d'une théorie quantique de la gravitation ?

La théorie du big bang nous dit que, depuis cette période, l'Univers est en expansion et que cette expansion ne se fait pas à partir d'un point qui en serait le centre, mais à partir de chaque point de l'espace ; que l'Univers n'a donc ni centre ni frontière. À grande échelle (celle des amas de galaxies), il est homogène.

L'illustration n° 30 (dans le cahier central) nous montre l'aspect de l'Univers quelque 400 000 ans après le big bang. À cette époque, la matière cosmique était à environ 3 000 degrés absolus, soit environ 2 700 °C (figure 3). Elle était extrêmement homogène en densité et en température, avec cependant des fluctuations de quelques cent millièmes de la valeur moyenne.

L'étude détaillée de l'illustration n° 30 montre la présence dans l'Univers, 400 000 ans après le big bang, d'une grande quantité d'ondes sonores qui sont responsables des variations de densité (couleurs) observées sur cette image. Le diagramme de la figure 4 représente la distribution de la puissance (intensité) de ces ondes en fonction de leur longueur d'onde.

L'isothermie de l'Univers 400 000 ans après le big bang pose problème : quel agent physique aurait pu la réaliser si peu de temps après le big bang ? Pour expliquer ce phénomène, on fait l'hypothèse d'un bref épisode d'expansion spatiale extrêmement rapide (appelé « inflation »). Cette hypothèse a

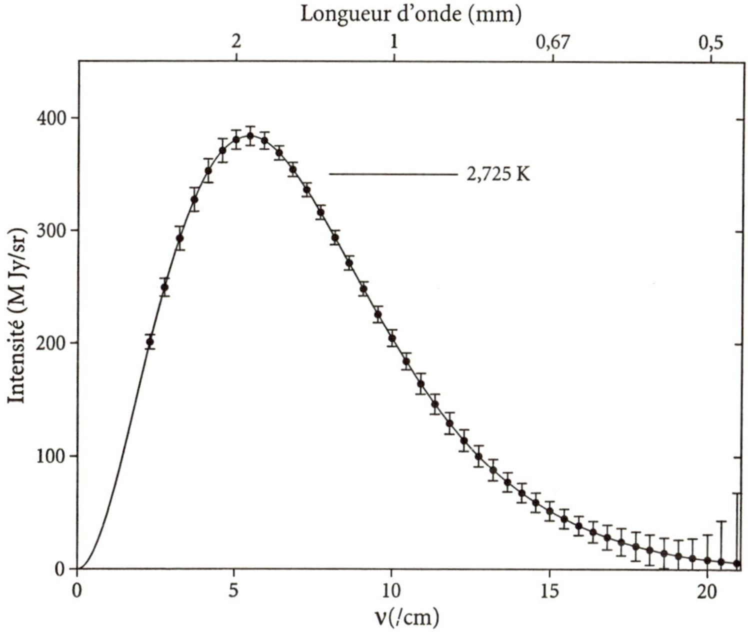

Figure 3. Distribution de l'intensité du rayonnement fossile observé (échelle verticale) en fonction de sa longueur d'onde (au voisinage du millimètre, échelle horizontale). La ligne continue représente la valeur attendue par la théorie pour un rayonnement thermique à la température 2,725 degrés absolus. Les barres verticales figurent les observations. Sur tout le spectre, la différence entre valeurs observées et valeurs attendues est généralement inférieure à 1 %. Cette concordance entre théorie et observations constitue une des meilleures preuves de la crédibilité de la théorie du big bang.

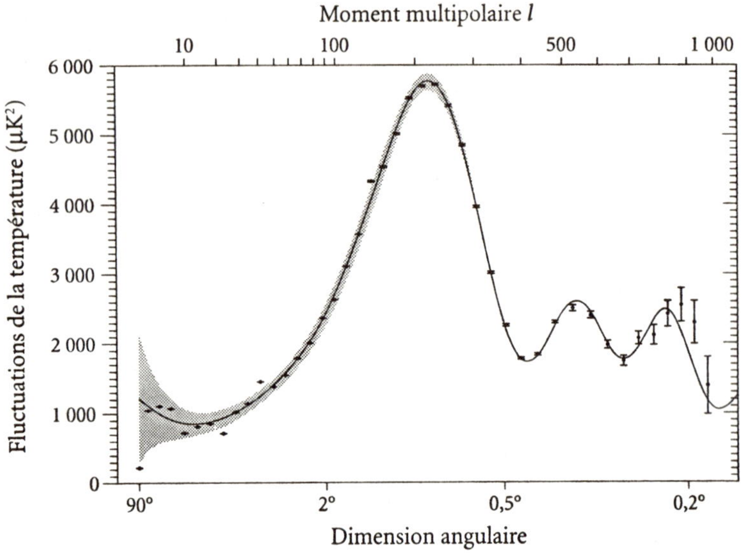

Figure 4. Le spectre des ondes sonores est une source extrêmement riche de renseignements sur les propriétés globales de l'Univers. Il nous apprend que l'espace cosmique ne semble posséder aucune courbure (il est quasiment plat) dans ses trois dimensions. Il nous renseigne également sur la densité de matière sombre et d'énergie sombre dans l'Univers (voir le chapitre 8). Il nous dit aussi que la quantité de matière dite « ordinaire » (composée de protons, d'électrons et de neutrons) ne représente que 5 % de la densité de l'Univers. Le reste n'émet pas de lumière, mais se manifeste indirectement par son champ de gravité, qui perturbe les mouvements des astres.

le mérite d'expliquer bien d'autres particularités de la matière cosmique initiale, comme par exemple l'apparition de ces fluctuations dans la distribution de la matière, fluctuations qui ont favorisé la germination des galaxies. Mais la cause de cette inflation reste à ce jour inconnue.

La physique quantique impose l'existence de nouvelles formes d'énergie appelées « énergies du vide », qui devraient, au même titre que toutes les autres formes d'énergie (thermique, gravitationnelle, etc.) influencer l'expansion de l'Univers. En l'absence d'une théorie quantique de la gravité, la physique contemporaine ne nous permet pas d'estimer correctement la densité cosmique de ces énergies. Les estimations les plus approximatives donnent des valeurs si élevées qu'elles auraient limité la durée de l'Univers à une infime fraction de seconde, ce qui n'est manifestement pas le cas !

Ce désaccord peut être contourné par l'introduction de nouvelles hypothèses, mais, selon ces dernières, cette densité serait égale à zéro, ce que contredisent les résultats de l'observation de l'énergie sombre (voir le chapitre 8 de Nathalie Palanque-Delabrouille, « La face cachée de notre Univers »), qui indiquent qu'elle n'est pas nulle, mais, en fait, comparable à la densité de la matière cosmique !

Ce problème est connu sous le nom d'« énigme de la constante cosmologique d'Einstein ». À ce jour, aucune solution crédible ne semble se profiler à l'horizon. Ajoutons que ce problème n'est pas spécifique à la théorie du big bang : il est celui la physique tout entière.

Chapitre 8

La face cachée de notre Univers

Nathalie Palanque-Delabrouille

Voici un mystère bien pesant : la matière ordinaire représente moins de 5 % du contenu du cosmos, tandis qu'une forme de matière encore inconnue, que l'on qualifie souvent d'« exotique », occupe 25 % de notre Univers. Quant aux 70 % restant, ils échappent totalement – pour l'instant – à toute tentative de compréhension.

Le nom de « matière noire » a été donné à la composante de l'Univers que l'on ne peut pas observer directement, puisqu'elle ne brille pas. Sa présence n'a pu être décelée que grâce à son action gravitationnelle sur les étoiles et les galaxies, action semblable à celle de la matière ordinaire (voir illustration n° 29, dans le cahier central). Quant à la composante principale de l'Univers, elle a été baptisée « énergie noire ». Contrairement à toute forme de matière, l'énergie noire agit en accélérant l'expansion de l'Univers ; c'est comme si, au lieu d'attirer entre eux les corps célestes, elle les repoussait. Comment en sommes-nous arrivés à un tel constat ?

Des siècles durant, les astronomes ont utilisé des instruments toujours plus perfectionnés pour étudier notre Univers. Petit à petit, leurs observations ont conduit à l'image d'un Univers fort peu dense, peuplé de galaxies comportant quelque cent milliards d'étoiles chacune. Entre les galaxies, les distances sont prodigieuses : il faut 2 millions d'années à la lumière pour parcourir l'espace qui nous sépare de la galaxie d'Andromède, qui est pourtant une de nos plus proches voisines. On peut donc légitimement se poser la question suivante : notre Univers est-il essentiellement constitué de vide et d'une faible quantité de matière ?

En 1933, le monde de la cosmologie est secoué par les premiers soubresauts d'une révolution : de la matière cosmique semble manquer à la liste élaborée jusqu'alors. Scrutant les galaxies de l'amas de Coma, l'astronome Fritz Zwicky découvre en effet qu'elles se meuvent à des vitesses telles que, pour assurer sa cohésion, l'amas devrait contenir cent fois plus de matière que celle qui nous est visible sous forme de galaxies. Où sont cachés les 99 % de la masse de cet amas ? Quarante ans s'écoulent sans que cette surprenante observation soit véritablement prise au sérieux. En 1970, toutefois, de nouveaux éléments relancent le débat. L'étude du mouvement des étoiles dans les galaxies montre que les lois de la gravitation universelle de Newton ne peuvent être respectées qu'en invoquant, cette fois encore, une grande quantité de matière invisible. Les galaxies elles-mêmes seraient-elles composées majoritairement de matière noire ? Notre Voie lactée ne fait pas exception : les étoiles de notre galaxie seraient plongées dans un océan de matière invisible, dix fois plus massif que sa composante lumineuse.

Aujourd'hui, de nombreuses observations, tels les arcs gravitationnels découverts autour de certains amas de galaxies (voir illustration n° 29 dans le cahier central), permettent la mesure de la masse « réelle » d'un amas. Elles sont venues confirmer cet étonnant résultat : la matière que nous connaissons, celle qui se présente sous forme de protons, de neutrons et d'électrons, celle qui compose les êtres vivants, les planètes et les étoiles, ne constitue qu'une petite fraction de la masse de notre Univers, l'essentiel étant sous une forme invisible. Les physiciens de l'infiniment grand tout comme ceux de l'infiniment petit recherchent activement cette nouvelle forme de matière. Prenant sa source dans les observations du cosmos, l'énigme de la matière noire trouvera peut-être sa solution grâce au nouvel accélérateur de particules, le LHC (*Large Hadron Collider*), entré en action fin 2008 au laboratoire international du CERN, près de Genève. Plusieurs pistes convergent en effet autour d'une particule exotique, le neutralino, prédite dans le cadre de certaines théories fondamentales de la physique des particules, mais encore jamais observée expérimentalement et qui pourrait être découverte au LHC. En grande quantité dans l'Univers, cette particule constituerait l'essentiel de la matière noire.

Le Graal ne se trouvera toutefois pas au bout de cette quête de la matière noire. Car si la mise en évidence de cette dernière a bouleversé les esprits, l'étude de supernovae lointaines a conduit, en 1998, à une découverte plus extraordinaire encore, celle de l'énergie noire ; la révolution est en route.

Il est un fait bien établi : l'Univers est en expansion. En effet, en 1929, Edwin Hubble découvre que toutes les galaxies qu'il étudie s'éloignent de nous, et cela d'autant plus rapidement qu'elles sont loin. L'interprétation la plus naturelle de cette observation, qui prévaut encore aujourd'hui, est que notre Univers est en expansion (figure 5). Cependant, l'attraction gravitationnelle qui s'exerce entre les galaxies devrait freiner ce mouvement d'ensemble et le ralentir peu à peu. La vitesse à laquelle les galaxies s'éloignent les unes des autres devrait donc diminuer avec le temps. Telle était en tout cas la conviction des astrophysiciens depuis qu'Albert Einstein, le père de la relativité générale, a écrit les équations qui régissent l'évolution de notre Univers.

À la fin du XXe siècle, une poignée de chercheurs se lance dans la mesure de la décélération de l'Univers en étudiant la lumière émise par de fabuleuses explosions d'étoiles, les

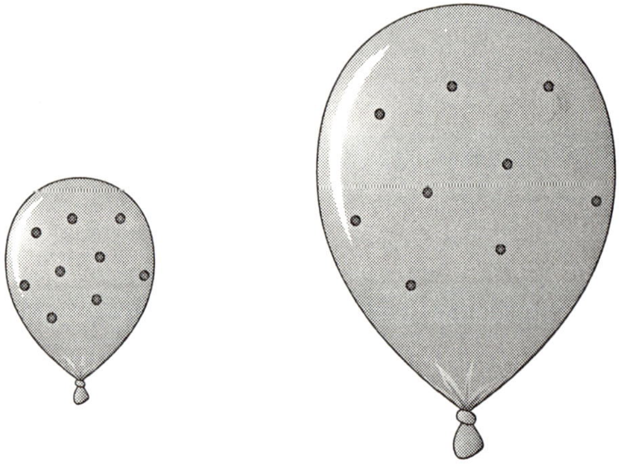

Figure 5. L'Univers est ici représenté par la surface d'un ballon de baudruche et les galaxies qui le composent par des points à la surface du ballon. Lorsque l'on gonfle le ballon, on constate que tous les points s'éloignent les uns des autres. L'observation d'Edwin Hubble s'interprète de la même façon : toutes les galaxies s'éloignent de nous, ce qui est la signature d'un Univers en expansion. Nous ne sommes pas au centre de cette expansion (tout comme aucun point n'est au centre de la surface du ballon de baudruche) : si nous pouvions nous déplacer sur une autre galaxie, nous ferions le même constat.

supernovae, explosions si brillantes qu'elles peuvent être décelées jusque dans les galaxies les plus éloignées. Cela présente un avantage fabuleux pour l'étude de l'histoire de notre Univers : la lumière se propageant à une vitesse finie, l'observation d'astres situés à des milliards d'années-lumière permet précisément d'étudier l'Univers tel qu'il était... il y a des milliards d'années.

En 1998, ces chercheurs révèlent que les supernovae lointaines sont plus pâles que prévu. Contrairement à toute attente, l'expansion de l'Univers irait-elle en s'accélérant ? En effet, dans un Univers en accélération, les photons émis par les supernovae doivent franchir une distance plus importante pour parvenir jusqu'à nous que dans un Univers avec une expansion stable ou ralentie, ce qui donne une apparence plus faible à la lumière parvenue des supernovae. Quelle découverte ! Aujourd'hui, des centaines de supernovae, observées grâce à Megacam, la plus grande caméra numérique du monde, formant une gigantesque mosaïque de 360 millions de pixels, ont permis de confirmer cette époustouflante nouvelle.

Pour expliquer ce résultat, il faut faire appel à l'énergie noire, cette mystérieuse énergie dont la pression (négative !) accélérerait l'expansion de l'Univers. Aucune composante connue de l'Univers, pas même la matière noire, ne possède une telle propriété.

Que sait-on aujourd'hui de l'énergie noire ? Pas grand-chose, si ce n'est qu'elle constitue 70 % de notre Univers. Est-elle liée à l'énergie du vide, ce vide qui, à l'échelle des particules, n'en est pas un ? Correspond-elle à la légendaire constante cosmologique introduite puis supprimée par Einstein lui-même lorsque la découverte de l'expansion de notre Univers sembla la rendre inutile ? Ou faut-il invoquer la quintessence, hypothèse selon laquelle l'énergie noire pourrait évoluer au cours du temps pour atteindre l'ampleur qu'on lui découvre aujourd'hui ? Ou n'est-elle qu'une illusion due à notre méconnaissance des lois fondamentales de la nature et faut-il remanier les lois de la relativité générale ?

Dans les années à venir, que ce soit sur les plus grands télescopes du monde ou depuis les satellites, captant la lumière visible ou les ondes radio, de nombreuses expériences auront la démystification de l'énergie noire pour principal objectif.

Chapitre 9

Quelle est la forme de l'Univers ?

Roland Lehoucq

La cosmologie cherche à comprendre la structure et l'évolution de l'Univers observable. Malgré des efforts observationnels et théoriques soutenus depuis le milieu du XXe siècle, de nombreuses questions restent sans réponse. Parmi elles, deux sont probablement aussi vieilles que l'astronomie : l'Univers a-t-il une forme ? est-il fini ou infini ? Toutes les démarches visant à les élucider se heurtent à une difficulté incontournable : s'il est possible d'apprécier la forme et la structure d'une galaxie ou d'un amas de galaxies, car nous les observons de l'extérieur, celles de l'Univers nous restent difficilement accessibles, car elles ne peuvent être perçues que de l'intérieur. Sa description nécessite donc de faire appel à un outillage mathématique souvent peu intuitif et qui a évolué au cours des siècles. Disposons-nous aujourd'hui des observations astronomiques, des théories physiques et des outils mathématiques capables d'apporter une réponse à ces anciennes questions ? Il semble que la réponse soit oui.

La cosmologie contemporaine se fonde sur la constatation que seule la gravitation régit la structure de l'Univers à grande échelle. Ses modèles sont construits dans le cadre d'une théorie de la gravitation détaillée par Albert Einstein en 1915 et mise en scène dans l'espace-temps qu'il avait introduit quelques années plus tôt. La gravitation y est interprétée comme une manifestation de la courbure de la trame spatiale de l'Univers, courbure induite par la matière et l'énergie qu'il contient. Déterminer la géométrie de l'Univers, c'est-à-dire mesurer sa courbure, revient donc à mesurer son contenu. Comme les mesures les plus récentes indiquent que la courbure de l'espace est très faible, nous attribuons à ce dernier, qui est à trois dimensions, les mêmes propriétés géométriques que celles du plan à deux dimensions. Répugnant à imaginer un Univers limité par un bord pour éviter la question gênante « Qu'y a-t-il derrière le bord ? », nous considérons notre Univers comme illimité, infini.

Ce raisonnement est incomplet. Habitant sur la Terre, nous avons l'impression que notre voisinage est un plan limité par l'horizon. Longtemps, l'homme a imaginé qu'il évoluait sur une Terre plate avec un bord, avant de comprendre qu'elle était sphérique. Ce biais mental, qui nous fait attribuer à l'espace entier des propriétés que nous n'apprécions que localement, conduit à utiliser les représentations globales les plus simples pour décrire notre environnement proche. Pourtant, les mathématiciens ont montré depuis longtemps qu'un espace peut être à la fois fini *et* dépourvu de bords – la surface d'une sphère en est un exemple. La surface d'un tore, qui délimite un volume en forme de chambre à air de bicyclette, en est un autre.

Il faut donc à la fois préciser et élargir le concept de forme et adjoindre à la géométrie, qui est une description locale de l'espace, la topologie, qui décrit les relations entre points à un niveau plus global et distingue des espaces de même géométrie. Par exemple, le plan et le tore ont la même géométrie, fondée sur les axiomes d'Euclide, alors qu'il s'agit d'espaces globalement différents : le premier est infini tandis que le second se referme sur lui-même – il est fini et sans bords. Pourtant, un être hypothétique évoluant à la surface d'un tore aurait l'illusion de vivre sur un plan infini, puisque aucun bord, aucune limite ne viendrait limiter ses déplacements. Il en conclurait certainement que son univers observable est infini, alors que son univers réel est fini.

Comment nous apparaîtraient les objets de notre Univers, galaxies et amas de galaxies, si l'espace se refermait sur lui-même à la manière d'un tore ? La lumière émise par une source lointaine pourrait emprunter plusieurs trajets pour nous atteindre : en suivant le classique chemin le plus court, mais aussi, parmi une infinité d'autres possibilités, un chemin qui ferait le tour de l'Univers – la surface du tore – en empruntant la direction « opposée » à la précédente. Cet effet de mirage topologique nous ferait donc voir une même source de multiples fois dans différentes directions. Le ciel nous apparaîtrait peuplé de nombreuses galaxies fantômes, images d'une poignée de galaxies réelles. Nous serions alors victime d'une illusion cosmique nous donnant à voir un Univers beaucoup plus grand et beaucoup plus rempli qu'il ne l'est en réalité, dans un spectaculaire renversement de situation, où un Univers fini nous semblerait infini.

Comment déterminer la forme de l'Univers ? La réponse semble évidente : en cherchant sa trace dans l'arrangement spatial des galaxies. Ce dernier doit en effet présenter des motifs réguliers résultant de la multiplicité des trajectoires lumineuses liant deux galaxies. En pratique, cette voie n'est pas la plus facile à mettre en œuvre. La topologie de l'espace imprime aussi sa marque sur le fond diffus cosmologique, ce rayonnement qui fut émis il y a 13,7 milliards d'années, au moment où l'Univers est devenu transparent à la lumière. Ce rayonnement, dont la température est de 2,735 kelvins, semble émis par la surface d'une sphère, dite « sphère de dernière diffusion », d'environ 46 milliards d'années-lumière de rayon, qui borne l'Univers observable et dont nous occupons le centre. La température du rayonnement diffus cosmologique dépend très peu de la direction de l'observation, mais reste affectée par de minuscules fluctuations, de l'ordre d'un millième de pour-cent.

C'est l'analyse de ces fluctuations de température qui permet de déterminer les conditions qui prévalaient dans l'Univers à cette époque. Elle se fait à la manière de celle que l'on effectue en acoustique, lorsque l'on décompose le son produit par un instrument de musique en harmoniques ordinaires, dont les amplitudes relatives fixent le timbre de l'instrument. De même, la distribution angulaire des minuscules fluctuations de température du rayonnement diffus cosmologique peuvent être décomposées en harmoniques « sphériques » (puisque les observations ont lieu sur la sphère céleste), dont les amplitudes relatives fixent la géométrie de l'espace et des conditions physiques qui régnaient à l'époque de l'émission du fond diffus (voir la figure 4, p. 46).

La forme de l'espace affecte ces amplitudes. Ainsi, la topologie cosmique prédit que l'amplitude des harmoniques est nulle si leur longueur d'onde est plus grande que la taille de l'espace. Si cette taille était inférieure au rayon de la sphère de dernière diffusion, on devrait observer une coupure dans la distribution des amplitudes au-dessus d'une certaine longueur d'onde. Cette coupure a précisément été trouvée dans la distribution d'amplitude déduite des observations menées durant la période 2003-2006 par le satellite américain *WMAP*.

À partir de ce résultat, un nouveau modèle cosmologique a été proposé, au détriment de l'espace euclidien et infini sur lequel se fonde le modèle cosmologique standard : notre Univers réel serait légèrement plus petit que le rayon de la sphère de dernière diffusion et aurait la structure topologique de l'espace dodécaédrique de Poincaré, dont la géométrie est sphérique. Par ailleurs, cette proposition prédit qu'il doit y avoir des corrélations particulières dans le fond diffus cosmologique, à savoir des paires de cercles « homologues » le long desquels les fluctuations de température seraient les mêmes.

Ce résultat est une conséquence de l'effet de mirage topologique : les points de ces cercles ne sont pas différents, mais correspondent aux mêmes points physiques observés dans différentes directions. La signature précise et définitive de la topologie de l'espace de Poincaré serait l'existence de six paires de cercles diamétralement opposés, corrélés avec une phase relative de 36°.

Ces paires de cercles corrélés sont-elles présentes dans les données réelles du satellite *WMAP* ? Trois équipes différentes (américaine, allemande et polonaise) se sont penchées sur la question depuis 2003 en utilisant divers indicateurs statistiques et des simulations numériques massives. Aucune réponse claire n'émerge pour l'instant de ces travaux, car le signal topologique attendu est dégradé par divers effets cosmologiques, par des contaminations d'origine astrophysique et par les imperfections instrumentales. Cependant, la toute dernière analyse conduite par l'équipe polonaise, réalisée à l'aide de méthodes statistiques sophistiquées – calcul des corrélations croisées entre les fluctuations de température évaluées sur des copies de la surface de dernière diffusion – semble favoriser la symétrie dodécaédrique dans la carte du ciel produite par le satellite *WMAP*. Mieux, la phase relative entre paires de cercles homologues est voisine de 36°.

Pouvons-nous en déduire que nous vivons réellement dans un espace dodécaédrique de Poincaré ? De nouvelles observations sont évidemment encore nécessaires pour valider ou non le modèle. Pour faire avancer le débat, on attend avec impatience les futures données du satellite européen *Planck Surveyor*, lancé fin 2008.

Désormais, le problème de la forme de l'Univers a quitté le domaine de la spéculation métaphysique. Le renouveau de cette recherche, qui avait été abandonnée depuis longtemps, a produit de nombreux développements théoriques qui pourraient se révéler utiles pour d'autres domaines de la cosmologie. Les dix prochaines années seront riches d'observations fines, en particulier du fond diffus cosmologique, avec plusieurs projets de sondage du ciel profond cataloguant quelques millions de galaxies. Elles devraient apporter de nouveaux changements dans les modèles cosmologiques actuels et transformer encore notre vision de l'Univers.

Sans doute permettront-elles de trancher la question de sa topologie…

Chapitre 10

Plurivers et extra-dimensions

Michel Cassé

Principe philanthropique

Les théories en vogue aujourd'hui chez les physiciens ont de quoi surprendre les plus imaginatifs des auteurs de science-fiction. Elles considèrent que la matière n'est pas uniquement atomique, que la gravité est répulsive à grande échelle, que le nombre de dimensions de l'espace est supérieur à trois et que l'Univers n'est pas unique. Il existerait même des myriades d'univers, dont la plupart seraient d'ailleurs fort inhospitaliers. On appellerait alors « plurivers » la collection de tous les cosmos non pas seulement possibles, mais véritablement existants. Selon la très complexe théorie des supercordes, qui pare l'espace de neuf à dix dimensions, on en dénombrerait jusqu'à 10^{500} (1 suivi de cinq cents zéros) ! Quantité renversante... Dans ces divers cosmos, les conditions physiques seraient d'une variété confondante.

Les adeptes les plus extrémistes du principe anthropique, autrement dit ceux qui pensent qu'il y a, au départ, une intention dans la nature qui préparerait la venue de l'homme, allèguent que l'Univers (le nôtre) est tel que nous l'observons parce que, justement, nous sommes là pour l'observer. Cette solution peut sembler relever d'un finalisme de mauvais aloi puisqu'elle suppose que, dans l'ensemble des univers possibles, le nôtre aurait été sélectionné en fonction de ses caractéristiques futures. Ainsi en vient-on à s'émerveiller du fait qu'il se soit donné licence et loisir de faire éclore les étoiles afin qu'elles synthétisent, entre autres, le carbone, condition nécessaire à notre présence comme à celle des pierres et des plantes...

Mais la thèse anthropique peut être regardée d'un œil plus impavide : les plus modérés de ses tenants se fondent sur des arguments non pas élitistes, mais évolutionnistes. Assez justement, semble-t-il, ils font valoir qu'il est aussi vain de chercher un principe fondamental derrière l'apparente magie des nombres qui nous font vivre, littéralement – car ces derniers président à l'existence matérielle des êtres vivants (valeur des constantes de la physique, intensité des forces, etc.) – que derrière la structure du système solaire – car le cortège planétaire aussi bien que le carbone, en abondance dans la Galaxie, sont le fruit d'une histoire passablement chaotique et accidentelle.

Ainsi le rêve de Kepler – mettre le monde dans un cristal – se voit-il réfuté et relégué aux oubliettes... L'astronome allemand, platonicien en diable, cherchait une organisation géométrique pure derrière la disposition des planètes. Il n'oubliait qu'une chose : l'*évolution*, tout simplement (certes corsetée par les « lois » de la physique). Les planètes se sont disposées non pas sous le diktat de Dieu ou de Platon, mais sous l'effet de multiples accidents qui ont marqué leur naissance et, avant elle, celle du nuage protosolaire duquel sont issus le Soleil et les planètes. Il n'y a pas de cause rationnelle sous les distances des planètes (hormis, bien sûr, la loi de Newton). Ce qui est *contingent* pourrait ne pas être, ou être différemment.

Aucune nécessité logique ne préside à la disposition spatiale des planètes du système solaire : il y a d'autres systèmes solaires tout aussi légitimes et, surtout, existants, aussi l'argument s'étend-il à la sphère cosmique ainsi qu'à certains nombres, constantes et lois de la physique. En poussant ce raisonnement à sa dernière extrémité, on est amené à poser un principe d'*altérité cosmique* : il serait insensé que le cosmos fût unique en nombre et en qualité. Dans la grande émulsion cosmique, nous n'occuperions qu'une bulle. Cette cosmologie pétillante, qui fait du champ scalaire ou du vide quantique l'élément créateur, fournit le mécanisme d'éclosion de multiples cosmos (*cf.* les ouvrages d'Andrei Linde, Alex Vilenkin et Leonard Susskind dans la bibliographie).

At home

D'aventure, notre Univers est grand, vieux, étoilé et composé de trois éléments cosmiques : l'énergie noire, le rayonnement et la matière (atomique et noire), qui possèdent des proportions particulières variant au fil du temps.

L'intrusion des nouveaux éléments « noirs » – ou plutôt transparents – (matière et énergie) ne va cependant pas sans poser problème. Prenons par exemple l'énergie noire, qui écarte l'espace en raison de sa gravité répulsive ; elle constitue aujourd'hui 70 % de notre Univers, selon les astronomes. Les physiciens des particules en prédisent une quantité qui excède d'un facteur 10^{120} la valeur estimée par les cosmologues. Est-ce bien raisonnable?

Monistes et dualistes

Dans le petit cénacle des physiciens, le débat fait rage entre monistes (qui considèrent qu'il n'existe qu'un seul Univers) et pluralistes (qui postulent la coexistence de myriades d'univers). Ces derniers estiment qu'un nombre infini d'événements peuvent se produire sur une longue durée dans un plurivers en ébullition et création permanente. Pour eux, les univers jaillissent comme les bulles dans une coupe de champagne. Certains entrent en expansion tandis que d'autres, au contraire, s'effondrent quasi instantanément sous forme de trous noirs. Dans cette multitude d'univers non seulement possibles, mais réalisés, il peut en exister au moins un dont l'expansion soit assez douce pour permettre aux galaxies de se former – en dépit de la tendance inverse suscitée par l'énergie noire – et, par conséquent, à la vie d'éclore. La probabilité de cette heureux événement est difficile à estimer, mais, de toute évidence, elle n'est pas nulle.

Réfléchissons, par exemple, à la taille des êtres humains. Aucun ne mesure trois mètres de haut. Corsetée par les lois de la physique, l'évolution génétique a limité notre taille. Il n'est pas besoin d'en appeler à un grand dessein pour expliquer cette donnée, qui est un fait comme tant d'autres. Les pluralistes font un raisonnement de ce type pour expliquer notre place dans l'Univers. Les différentes spéculations en vogue aujourd'hui (les supercordes, l'inflation cosmologique, le principe anthropique, etc.) se font la courte échelle pour expliquer notre condition dans le cosmos. Mais les monistes ne cessent d'en scier les barreaux. Ils estiment, par exemple, que la théorie des supercordes ne conduit à aucune prédiction digne de ce nom.

Le monde des théoriciens est donc divisé : d'un côté, les alter-universalistes, adeptes de la théorie des supercordes, qui fait proliférer les vides ; de l'autre, les monistes, qui restent fermes sur leurs positions : pour eux, il n'y a qu'un seul monde, donc un seul vide, et la théorie des supercordes constitue la négation de l'esprit scientifique, Lee Smolin allant jusqu'à lui imputer l'échec de la physique contemporaine :

« L'histoire que j'ai à vous dire peut être considérée comme une tragédie. [...] Pour le dire crûment, nous avons échoué. Nous avons hérité d'une science, la physique, qui avait progressé si vite et si longtemps qu'elle avait été souvent prise pour modèle de toute science. Pendant plus de deux siècles, jusqu'à la période actuelle, notre compréhension des lois de la nature s'est étendue rapidement. Mais aujourd'hui, en dépit de nos efforts, ce que nous savons avec certitude au sujet de ces lois n'est rien d'autre que ce que nous savions dans les années 1970. »

Retour à l'espérance

Mais ce sombre pessimisme est peut-être excessif. L'idée que l'espace n'est pas nécessairement à trois dimensions est venue plus d'une fois caresser l'esprit de nombreux mathématiciens, philosophes, artistes et écrivains. Aussi loin que l'on remonte dans le temps, l'homme s'est pris à imaginer que l'espace pouvait être plus vaste, plus subtil et plus complexe qu'il ne l'éprouve par le biais de ses seuls sens. Cette idée a pris désormais un tour résolument scientifique. Les concepts dantesques de paradis et d'enfer ont laissé la place aux mondes miroirs et aux univers parallèles. Une brève histoire de l'espace établit qu'au début du XIXe siècle, à la suite du travail fondateur de Carl Friedrich Gauss, de nombreuses publications se sont succédé, proclamant que l'existence de dimensions d'espace en nombre différent de trois contredirait les lois de la gravitation et de l'électricité, qui exigent que les forces correspondantes varient comme l'inverse du carré de la distance – ceci simplement parce que la surface de la sphère en trois dimensions est proportionnelle au carré du rayon. En conséquence, l'idée d'un espace comptant plus de trois dimensions fut abandonnée par les mathématiciens et les physiciens.

La première personne à considérer de manière rigoureuse la possibilité d'un nombre de dimensions spatiales supérieur à trois fut probablement Bernhard Riemann, concepteur de l'espace courbe qui porte son nom. Considéré dans un premier temps comme une idée mathématique abstraite, ce type d'espace devint bientôt le fondement de l'une des idées les plus profondes de l'histoire de la physique : la relativité générale d'Albert Einstein.

Alors que les pères fondateurs de la relativité générale l'exprimaient dans un espace à 3 + 1 dimensions, il devint vite évident qu'aux énergies les plus extrêmes la théorie n'était plus cohérente sous cette forme.

Cinquième dimension et plus

Autour des années 1920, Theodor Kaluza et Oskar Klein en vinrent à suggérer que l'unification de l'électromagnétisme et de la relativité générale requérait une cinquième dimension d'espace-temps (une quatrième dimension d'espace), secrète et inapparente car bouclée sur elle-même, sous forme d'un cercle minuscule. Mais cette proposition resta sans lendemain, car elle aboutissait à des contradictions, afférentes notamment à la masse de l'électron. Mais voilà qu'aujourd'hui l'idée est remise à l'ordre du jour et même démultipliée par les cordeliers (adeptes de la théorie des supercordes). L'idée d'extra-dimensions (compactées) fait florès (figure 6). Depuis 1970, les progrès rapides de la théorie des supercordes ont donné un grand attrait à l'idée de Kaluza et Klein, émise un demi-siècle auparavant. Elle apparaît maintenant comme une nécessité logique, car la théorie des cordes requiert, outre les trois dimensions droites et du temps ordinaires, six ou sept dimensions bouclées sur elles-mêmes pour assurer son assise.

Dans la mesure où la taille (le rayon) des nouvelles dimensions compactes, purement conjecturelles jusqu'à présent, n'est pas fixée par la théorie des cordes, il est naturel de penser qu'elle est de l'ordre de la longueur de Planck, soit 10^{-35} m, en deçà de laquelle l'espace-temps se fait écume. Si tel est le cas, cette taille est définitivement hors de portée de l'expérience. Mais, en 1998, l'optimisme est revenu, lorsque

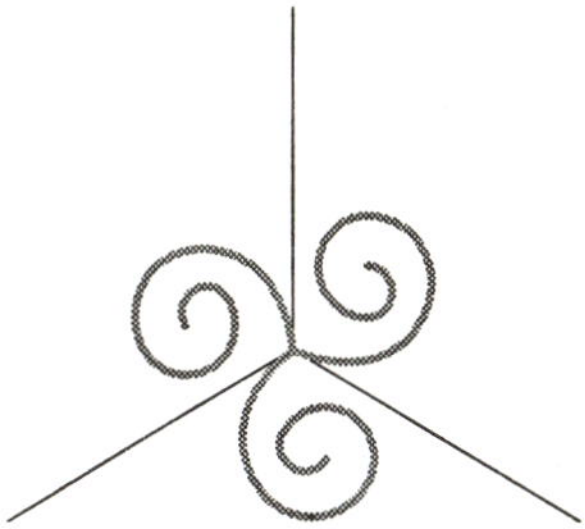

Figure 6. À titre métaphorique, nous avons composé un espace baroque arbitraire, fait de trois dimensions linéaires et de trois dimensions bouclées. La théorie des supercordes s'orne de broderies plus compliquées (voir l'ouvrage de Brian Greene, *L'Univers élégant*, cité dans la bibliographie, en fin d'ouvrage).

Nima Arkani-Hamed, Savas Dimopoulos et Gia Dvali ont suggéré qu'un certain nombre de dimensions de taille non négligeable (entre une fraction de millimètre et la taille du proton, soit 10^{-15} m selon leur nombre) pouvaient exister sans contrevenir à aucune observation physique ou astrophysique. Cette hypothèse a été introduite pour expliquer l'extraordinaire faiblesse apparente de la gravitation par rapport aux autres forces. L'échelle de Planck, qui caractérise l'énergie où la gravité est censée devenir forte (10^3 GeV environ, contre 10^{19} GeV précédemment) est ainsi ramenée à des valeurs accessibles à l'expérience.

Pour que ces extra-dimensions modérément « étendues » ne violent aucune observation dans les domaines de la physique expérimentale, les interactions faible, forte et électromagnétique s'en voient interdire l'accès. Si, par exemple, les photons pénétraient ces extra-dimensions, l'atome perdrait sa nécessaire stabilité ; seule la gravité est autorisée à les occuper. Ces dimensions additionnelles seraient donc vides de lumière et de matière, ce qui en fait le charme abstrait.

Les champs quantiques et les particules associées (quarks, leptons, photons…) seraient confinés dans un sous-ensemble de l'espace à trois dimensions (notre bas monde) appelé « brane ». Seul le graviton voyagerait dans l'espace global, appelé « bulk ».

Usine à trous noirs

Si, dans l'espace multidimensionnel, l'échelle de Planck (celle où la gravité devient forte) était de l'ordre de l'échelle électrofaible (celle où les interactions électromagnétique et faible en viennent à se confondre), alors une unification spectaculaire entre interactions gravitationnelle, électromagnétique et faible devrait se produire à l'échelle du téraélectronvolt (noté TeV ; 1 TeV = 10^{12} eV).

Selon cette hypothèse, la gravité, qui apparaît faible à l'observateur tridimensionnel que nous sommes, voyage en réalité dans l'espace à neuf ou dix dimensions, ce qui fait qu'elle passe très peu de temps chez nous. Elle erre littéralement dans un énorme volume d'espace invisible. Les conséquences physiques, astrophysiques et cosmologiques de cette hypothèse sont impressionnantes ; selon les conjectures de Kip Thorne et Stephen Hawking, elles impliquent la création suivie d'une évaporation immédiate de micro-trous noirs par le LHC (*Large Hadron Collider*) du CERN ! (ces trous noirs créés en laboratoire ne présenteraient aucun danger, car ils se désintégreraient en 10^{-26} seconde). On aborderait alors le royaume de la gravité quantique, encore inconnu. L'avenir nous dira si les physiciens continuent à décrire la réalité ou sont à mettre au rang d'hallucinés…

Chapitre 11

Matière et géométrie

Marc Lachièze-Rey

Nous sommes composés de matière ; nous baignons dans la matière. Et cependant, les physiciens ont encore du mal à définir de quoi il s'agit exactement.

Il y a près d'un siècle, ils pensaient encore qu'elle se composait de petits corpuscules (les particules élémentaires) bien localisés dans l'espace et liés entre eux par divers types d'interactions. Mais ils ont observé une réalité plus complexe, qui les a menés à une conception différente : selon la physique quantique, la matière n'est plus localisée dans l'espace, elle n'est pas décrite en termes de corpuscules, mais en termes de champs quantiques, dont certaines propriétés semblent défier le sens commun. Rayonnements (électromagnétique par exemple) et interactions (nucléaire par exemple) relèvent de cette même description. En revanche, les conceptions de l'espace et du temps sont restées à peu près indemnes : ce sont d'abord celles de la physique newtonienne pour la mécanique quantique ; puis celle de la relativité restreinte (voir ci-après) pour la théorie quantique des champs.

Peu avant cette révolution quantique, les théories einsteiniennes de la relativité ont précisément bouleversé ces deux notions géométriques d'espace et de temps. Elles entérinent ce que nous savons bien désormais : il est impossible de décrire le monde en termes d'espace et de temps considérés séparément, tous deux doivent être regroupés dans une entité commune baptisée « espace-temps », qui constitue le nouveau cadre géométrique au sein duquel « vit » la matière, quelle que soit sa description. Bien plus, la relativité générale énonce que cet espace-temps possède une forme géométrique complexe, exprimée essentiellement par une courbure qui représente ce que l'on appelle la « gravitation » : la matière courbe l'espace-temps ; l'espace-temps dicte ses trajectoires à la matière.

Cette double description transforme la physique en un système à deux visages. D'un côté, la physique quantique décrit excellemment la plupart des phénomènes microscopiques avec une conception quantique, précisément, de la matière et de ses interactions, mais en laissant de côté la gravitation ; dans la pratique, elle nous permet de construire des lasers, des transistors... De l'autre côté, la relativité générale rend compte, avec tout autant de succès, des mouvements des planètes et des satellites, des étoiles et des galaxies, sous l'influence de la gravitation qui les gouverne et, finalement, de l'Univers entier, selon la cosmologie. Mais elle ne traite d'aucun aspect quantique ni des interactions autres que la gravitation.

Tout irait bien si ces deux champs de pensée n'impliquaient pas des visions du monde totalement différentes, voire contradictoires, à propos des notions les plus fondamentales : matière et vide, espace et temps. De plus, aucune des deux approches ne nous permet de comprendre ce qui s'est déroulé lors des instants reculés de l'histoire cosmique ni ce qui peut se passer au voisinage d'un trou noir.

Cet état de crise suggère aux physiciens qu'il pourrait exister une théorie physique générale – qu'ils n'ont pas (encore ?) trouvée – qui permettrait de décrire la totalité du monde de manière harmonieuse et unifiée. Ce ne serait ni la relativité générale ni la physique quantique, mais une nouvelle approche, dont chacune des deux ne serait qu'une approximation encore provisoire (un peu comme l'ancienne physique de Newton constitue une approximation, souvent suffisante, de la physique moderne).

Une activité théorique intense est consacrée à la recherche de ce nouveau cadre unifié qui permettrait d'appréhender tous les phénomènes physiques de manière non contradictoire, et que quelques-uns évoquent, parfois exagérément, comme une « théorie du tout ». Comment procéder ? Vaut-il mieux conserver un maximum d'acquis de la relativité générale ou de la physique quantique ? Ou faut-il inventer quelque chose d'entièrement nouveau ? La première option correspond approximativement aux approches de la gravité quantique et la seconde plutôt à celles de la théorie des cordes. Mais les choses ne sont pas tout à fait aussi simples, et d'autres idées sont explorées.

L'approche des cordes, très en vogue il y a quelques années, se fonde sur deux postulats : celui d'un cadre géométrique élargi, une sorte d'espace-temps avec un grand nombre de dimensions (dix au lieu de quatre) ; et celui d'objets physiques non ponctuels décrits de manière géométrique. Par exemple, les vibrations, enroulements, évolutions de « cordes » microscopiques reproduiraient l'ensemble de ce que nous considérons, à nos échelles plus grossières, comme les particules et les interactions. Mais une véritable théorie physique susceptible de permettre des prédictions expérimentales ou observationnelles peine à émerger de ces calculs mathématiques.

Moins ambitieuses, les approches de la gravité quantique (dont les versions les plus connues sont la gravité en boucles ou les réseaux de spins) renoncent dans un premier temps à décrire les aspects de la physique autres que la gravitation (bien que les derniers travaux suggèrent qu'ils puissent être intégrés de manière naturelle). Elles prennent à leur compte les principaux acquis de la relativité générale et leur premier mérite est d'avoir abouti à une véritable « géométrie quantique ». Dans un formalisme naturel et mathématiquement correct, celle-ci réalise l'idée répandue que la structure de l'espace-temps (et non pas de la matière) doit être « quantifiée » d'une manière ou d'une autre aux très petites échelles. Malheureusement, si nous connaissons la signification du terme « quantifier » pour la matière, nous ne savons pas ce qu'il veut dire lorsqu'on l'applique à la géométrie. Autrement dit, le programme ne semble *a priori* qu'un vœu pieux. Mais, précisément, les approches mentionnées proposent pour la première fois une démarche qui donne un sens à la « quantification » de la géométrie. Et des applications récentes à la cosmologie laissent entrevoir la possible résolution des difficultés liées aux tout premiers moments de l'histoire cosmique, par la suppression de la singularité initiale !

Aucune de ces pistes n'est encore aboutie et d'autres sont également explorées : la géométrie non commutative offre la possibilité de remplacer la géométrie actuelle, continue, par une vision discrète (qu'il s'agisse de la géométrie de l'espace-temps ou des géométries des espaces plus abstraits, qui décrivent les comportements des particules élémentaires) ; les twisteurs, initialement introduits par Roger Penrose, exploitent la possibilité de décrire la géométrie de l'espace-temps non pas par les propriétés des points qui le composent, mais par celles des rayons lumineux qui s'y propagent. Les approches fondées sur la théorie mathématique des catégories permettent d'élargir les notions géométriques d'une manière originale et tout à fait nouvelle…

Chacune de ces approches présente des aspects séduisants, mais aucune ne se détache encore. On constate d'ailleurs, signe encourageant, qu'elles présentent parfois certaines similitudes. Il paraît d'ores et déjà certain que la nouvelle conception, quelle qu'elle soit, impliquera une remise en cause profonde de nos conceptions de la matière, de l'espace et du temps.

Deux possibilités radicales extrêmes se présentent. La première suggère que ce que nous appelons « matière » (dans le sens le plus large) correspondrait en fait à certains types de replis, de nœuds dans le tissu géométrique de l'espace (ou de l'espace-temps) : vues à notre échelle, ces microscopiques configurations géométriques ou topologiques apparaîtraient comme des particules ; leurs dénouements et renouements seraient perçus comme des interactions entre elles. La seconde démarche, qualifiée de « relationnelle », est apparemment opposée. Dans une tradition initiée par Leibniz et reprise par Ernst Mach, Albert Einstein et d'autres encore, elle suggère que l'espace et le temps – ou l'espace-temps – n'auraient pas d'existence physique propre. Ils ne représenteraient que la manière dont nous décrivons l'ensemble des relations entre les différents systèmes matériels, par exemple les champs quantiques : rien ne serait *réel* dans la géométrie. Seules existeraient la matière et les relations entre ses éléments.

Selon l'une ou l'autre de ces conceptions extrêmes, tout serait donc géométrie, ou tout serait matière. Mais, dans les deux cas, ces notions fondamentales acquerront un sens nouveau. Et il se pourrait, en fin de compte, que les deux options ne soient pas aussi opposées qu'il y paraît : chacune unifie matière et géométrie en une substance fondamentale unique dont les propriétés synthétiseraient celles que nous accordons aujourd'hui à la matière et à la géométrie. Il ne restera plus qu'à lui trouver une nouvelle appellation.

Chapitre 12

Épilogue

Les métamorphoses du cosmologiste

Hubert Reeves

Le cosmologiste devient un historien

Depuis la conception de Thalès de Milet jusqu'à la théorie du big bang, notre regard sur la matière a subi une mutation majeure.

Pour Aristote, l'Univers à grande échelle (au-delà de la Lune) est éternel et immuable. Cette vision du monde est rendue caduque au début du XXe siècle par l'observation de la récession des galaxies par Edwin Hubble et son interprétation par Georges Lemaître. Nous avons alors découvert que l'Univers dans son ensemble est soumis à de profonds changements : il a une histoire. De ce fait, le chercheur voit son domaine d'activité se transformer : il devient un historien du cosmos, il apprend à utiliser les techniques historiques. Cherchant à reconstituer le passé du monde, il traque les « fossiles cosmiques », les vestiges du passé de l'Univers. Il les scrute afin d'y retrouver la séquence des événements qui se sont échelonnés tout au long du refroidissement du cosmos et qui lui ont donné les caractéristiques et les propriétés qu'il manifeste aujourd'hui (voir illustration n° 29, dans le cahier central).

Parmi ces vestiges, on trouve le rayonnement fossile (voir illustration n° 30, dans le cahier central), les atomes – cendres du brasier primitif (hydrogène, hélium, lithium), la matière sombre et l'énergie sombre, ainsi que la distribution des galaxies et des amas de galaxies dans l'espace.

À partir de ces observations, et en y associant à la fois la théorie de la relativité d'Einstein et la physique quantique, le cosmologiste peut remonter à quelque 13,7 milliards d'années dans le passé, vers ce que nous appelons conventionnellement le début de l'Univers ou big bang. Selon cette théorie, l'Univers se présentait alors comme un magma torride et indifférencié de particules élémentaires : quarks, électrons, neutrinos, etc. Ajoutons qu'il conviendrait de parler de l'horizon actuel de la connaissance plutôt que du début de l'histoire…

Plusieurs théories prétendent pouvoir décrire l'avant-big bang. Mais aucune n'a passé le test crucial de la science : aucune observation, même indirecte, ne permet de les confirmer. Il s'agit pour l'instant de pures spéculations. Affaire à suivre…

Univers-jouets

Grâce à nos puissants ordinateurs, nous pouvons aujourd'hui construire des modèles d'Univers et les laisser évoluer dans le temps, du plus lointain passé au plus lointain avenir.

Au départ, il faut une recette spécifiant l'ensemble des ingrédients nécessaires à sa réalisation : tout ce que nous savons de notre cosmos – les quatre interactions avec leurs intensités respectives, les particules connues avec leurs propriétés (masse, charges variées, spin, etc.), les densités observées de la matière atomique, de la matière sombre et de l'énergie sombre.

On y ajoute la vitesse d'expansion ou constante de Hubble, et l'on suit l'évolution dans le temps.

Le jeu se fait généralement en allant du passé vers l'avenir. On suppose au départ une densité quasi homogène de matière à très haute température, à laquelle on ajoute une faible dose de fluctuations telles qu'elles ont été observées dans le rayonnement fossile (quelque cent millièmes de la valeur moyenne). On voit, au cours du temps, les surdensités s'amplifier sous l'effet de leur propre gravité, jusqu'à donner naissance à des condensats multiples qui deviendront plus tard les galaxies et leurs amas.

Ces modèles rencontrent de beaux succès dans la reproduction des phénomènes à grande échelle. Certaines difficultés demeurent au niveau de la structure interne des galaxies et au niveau des populations des petites galaxies satellites, largement surestimées par les calculs. Les mesures du télescope Planck devraient nous permettre d'affiner encore notre connaissance de l'histoire du cosmos.

Le chercheur devient un autobiographe

Pour mieux comprendre la mutation de notre regard sur la matière, il nous faut ici inclure deux autres chapitres de la science :

– la nucléosynthèse, qui nous dit comment, à partir des nucléons, se sont progressivement formés – en particulier au cœur des étoiles – tous les éléments chimiques, les atomes du tableau de Mendeleïev (voir illustration n° 27, dans le cahier central) ;

– l'évolution biochimique, qui cherche à expliquer l'association des atomes en molécules, puis en cellules vivantes, la fédération de ces cellules en organismes végétaux et animaux ; un de ces organismes nous intéresse particulièrement : l'être humain, nous !

L'activité du scientifique prend ici une nouvelle dimension : d'observateur d'une nature immuable selon Aristote et d'historien après Hubble et Lemaître, il se sent devenir un autobiographe : c'est sa propre histoire qu'il est en train de décrypter. Il cherche à comprendre comment les quelque 10^{29} quarks et électrons qui constituent son corps (et déjà présents à l'état dissocié dans la purée torride du big bang) se sont progressivement structurés, grâce aux quatre interactions, d'abord dans le cœur incandescent des étoiles, puis dans les nappes aquatiques de notre planète.

Le principe anthropique

Revenons à nos modèles d'Univers calculés à partir du big bang jusqu'à la formation des galaxies et des étoiles. Les astrophysiciens se sont amusés à faire évoluer des univers-jouets dont ils ont modifié au départ la recette (intensité des forces, densité des composantes, etc.). Une surprise de taille les attendait. De très faibles modifications de ces données initiales engendrent des conséquences imprévues :

– si l'on modifie les densités initiales, la matière de ces univers, bien qu'allant aussi en se refroidissant, se diluant et s'obscurcissant, évolue d'une façon très différente de celle du nôtre ; dans certains cas, aucune condensation n'arrive à se produire, la matière reste homogène et donc pas de galaxies, pas d'étoiles, pas de planètes habitables et, par conséquent, pas d'êtres vivants ; dans d'autres cas, l'Univers ne forme que des trous noirs gardant leurs secrets ;

– si l'on change les intensités des forces, l'hydrogène se transmute entièrement sous forme de noyaux plus lourds dès les premières minutes du cosmos, ce qui empêche la formation d'étoiles qui durent assez longtemps pour assurer l'émergence de la vie – étoiles dites « de la séquence principale », comme le Soleil, qui utilise l'hydrogène comme carburant ; ce qui empêche aussi la formation de l'eau (par absence d'hydrogène et d'oxygène). Comme Fred Hoyle l'avait fait remarquer il y a déjà plus de cinquante ans, de telles modifications entraînent un changement des propriétés des niveaux du noyau de carbone (atome primordial des réactions biochimiques) dont l'abondance reste en conséquence très faible.

De ces constatations est né le « principe anthropique », formulation que l'on doit à Brandon Carter, astrophysicien à l'observatoire de Meudon. Ce principe énonce et met en relief le fait que les données fondamentales de la physique (masses, constantes de couplage) et de l'astrophysique (densités des composantes de la matière) correspondent à celles qu'il faut assigner à un univers pour que celui-ci donne naissance à un observateur. (Personnellement je trouve cette appellation très « anthropiste » : les mêmes données sont nécessaires pour l'apparition d'un chat ! Je lui préfère donc l'appellation : « principe de complexité ».)

Devant cet énoncé, les réactions des chercheurs sont variées. Certains y voient l'expression d'une tautologie banale et sans intérêt. D'autres, au contraire, dont je suis, restent plongés dans un profond étonnement, proche de la stupéfaction.

L'hypothèse du « multivers » peut-il nous apporter un élément de réponse ? Selon elle, on suppose l'existence d'un grand nombre d'autres univers, extérieurs au nôtre, dans lesquels les données fondamentales de la physique seraient différentes de ce qu'elles sont dans le nôtre. Parmi tous ces univers possibles, seuls ceux qui ont des données initiales très voisines de celles du nôtre peuvent accoucher d'organismes doués de conscience. Les autres sont stériles et, en conséquence, inhabités. Dans ce cadre, le caractère « spécial » de la recette de notre Univers s'expliquerait tout simplement.

Mais sur quoi repose une telle supposition ?

La formulation d'une théorie qui réconcilierait la relativité et la physique quantique est l'un des grands défis de la science contemporaine. Une des avenues les plus prometteuses porte le nom de « théorie des cordes ». Cette théorie admet la possibilité de l'existence de tels univers, variés, composant un immense multivers dont notre cosmos serait un élément parmi bien d'autres... Mais la situation reste insatisfaisante pour plusieurs raisons :

– cette théorie des cordes attend toujours une confirmation expérimentale qui la crédibilise ;

– elle implique la possibilité d'un nombre gigantesque de modèles d'univers différents entre lesquels elle semble incapable de choisir celui qui pourrait correspondre au nôtre.

Sans doute faut-il insister : il n'existe aucune preuve observationnelle de l'existence de tels univers. Nous n'en connaissons qu'un : le nôtre...

Comment se situer dans ce débat ?

Faut-il accepter la théorie du multivers qui banalise à sa façon le caractère particulier de la recette de notre Univers et, pour y arriver, supposer, en s'appuyant sur une théorie encore largement spéculative, l'existence (hypothétique) d'un grand nombre d'univers de recettes différentes ?

Ou bien faut-il reconnaître que, jusqu'à nouvel ordre, notre Univers est le seul observable et que sa recette implique un ensemble de « coïncidences » telles que ses données sont précisément celles requises pour amener la vie et la conscience ?

Personnellement, et pour les raisons déjà mentionnées, je considère la solution « multivers » comme hautement spéculative. L'adopter serait considérer le problème posé par le principe anthropique comme résolu. On risquerait alors de passer à côté du fait que ces « coïncidences » pourraient être d'importants indices pour la poursuite de notre exploration du cosmos. Ce serait vraiment dommage…

Bibliographie

Françoise Balibar, Jean-Marc Lévy-Leblond, Roland Lehoucq, *Qu'est-de que la matière ?*, Paris, Le Pommier-Cité des sciences et de l'industrie, 2005.

Alain Bouquet, Emmanuel Monnier, *Matière sombre et énergie noire*, Paris, Dunod, 2008.

Michel Cassé, *Généalogie de la matière*, Paris, Odile Jacob, 2000.

Michel Cassé, *Énergie noire, matière noire*, Paris, Odile Jacob, 2004.

Michel Cassé, Jacques Paul, *Spin : roman noir de la matière*, Paris, Odile Jacob, 2006.

Ludwik M. Celnikier, *Histoire de l'astrophysique nucléaire : la naissance des atomes*, Paris, Vuibert, 2008.

Michel Crozon, François Vannucci, *Les Particules élémentaires*, Paris, PUF, coll. « Que sais-je ? », 1993.

Michel Crozon, *L'Univers des particules*, Paris, Le Seuil, coll. « Points Sciences », 1999.

Brian Greene, *L'Univers élégant*, Paris, Gallimard, coll. « Folio Essais », 2005.

Edward Harrison, *Cosmology: The Science of the Universe*, Cambridge University Press, 2000.

Max Jammer, *Concepts d'espace : une histoire des théories de l'espace en physique*, Paris, Vrin, 2008.

Gordon Kane, *Supersymétrie*, Paris, Le Pommier, 2003.

Étienne Klein, *Petit voyage dans le monde des quanta*, Paris, Flammarion, coll. « Champs », 2004.

Étienne Klein, *Les Secrets de la matière*, Paris, Plon, 2007.

Marc Lachièze-Rey, *Initiation à la cosmologie*, Paris, Dunod, 2004.

Marc Lachièze-Rey, *Au-delà de l'espace et du temps*, Paris, Le Pommier, 2008.

Marc Lachièze-Rey, Jean-Pierre Luminet, *De l'infini : mystères et limites de l'Univers*, Paris, Dunod, coll. « Quai des sciences », 2005.

Roland Lehoucq, *L'Univers a-t-il une forme ?*, Paris, Flammarion, coll. « Champs », 2004.

Jean Marc Levy-Leblond, *De la matière : relativiste, quantique, interactive*, Paris, Le Seuil, coll. « Traces écrites », 2006.

Andrei D. Linde, *Inflation and Quantum Cosmology*, Boston, Academic Press, 1990.

Jean-Pierre Luminet, *L'Univers chiffonné*, Paris, Gallimard, coll. « Folio. Essais », 2005.

Jean-Pierre Luminet, *Le Destin de l'Univers : trous noirs et énergie sombre*, Paris, Fayard, 2006.

Roger Penrose, *À la découverte des lois de l'Univers : la prodigieuse histoire des mathématiques et de la physique*, Paris, Odile Jacob, 2007.

Hubert Reeves, *Dernières nouvelles du cosmos*, Paris, Le Seuil, coll. « Points Sciences », 2002.

Hubert Reeves, *Chronique des atomes et des galaxies*, Paris, Le Seuil-France-Culture, 2007.

James Rich, *Principes de la cosmologie*, Palaiseau, Les Éditions de l'École polytechnique, 2002.

Carlo Rovelli, *Quantum Gravity*, Cambridge University Press, 2004.

Joseph Silk, *Le Big bang*, Paris, Odile Jacob, 1997.

Lee Smolin, *Rien ne va plus en physique ! : l'échec de la théorie des cordes*, Paris, Dunod, 2007.

Léonard Susskind, *Paysage cosmique : notre Univers en cacherait-il des millions d'autres ?*, Paris, Robert Laffont, 2007.

Alexander Vilenkin, *Many Worlds in One: the Search of other Universes*, New York, Hill and Wang, 2006.

Peter Woigt, *Même pas fausse*, Paris, Dunod, 2007.

Trinh Xuan Thuan, *Voyage au cœur de la lumière*, Paris, Gallimard, coll. « Découvertes », 2008.

Les particules élémentaires, une grande énigme pour la physique, Les Dossiers de la Recherche, Dossier n° 23, mai-juillet 2006.

Dossier *Cosmologie, Pour la Science*, n° 281, mars 2001.

Ned Wright's Cosmology Tutorial, à consulter à l'adresse Internet : http://www.astro.ucla.edu/~wright/cosmolog.htm

Podcasts *Ciel et espace*, à écouter à l'adresse Internet : http://www.cieletespaceradio.com.

Enregistrements sonores, éditions De Vive Voix (http://www.devivevoix.fr/)

Carlo Rovelli, *Temps et espace.*

Marc-Lachièze-Rey, *Cosmologie.*

Jean-Pierre Luminet, *La Forme de l'Univers.*

Marc-Lachièze-Rey, *Les Galaxies.*

Jean-Marc Lévy-Leblond, *La Matière.*

Michel Cassé, *Étoiles.*
Jean-Marc Lévy-Leblond, *Le Monde quantique : une introduction.*
Jean-Pierre Luminet, *Les Trous noirs*
Françoise Balibar, Thibault Damour, *Einstein.*
Marc Lachièze-Rey, *Le temps existe-t-il ? - Comprendre la relativité.*

Achevé d'imprimer en septembre 2008
par ***Bussière***
à Saint-Amand-Montrond (Cher)

BUSSIÈRE
GROUPE CPI

N° d'édition : 09-0391-01.
N° d'impression : 082830/1.
Dépôt légal : octobre 2008.

Imprimé en France